今すぐ使えるかんたん

ぜったいデキます！ワード2019

技術評論社

▶この本の特徴

1 ぜったいデキます!

操作手順を省略しません！

解説を一切省略していないので、
途中でわからなくなることがありません！

あれもこれもと詰め込みません！

操作や知識を盛り込みすぎていないので、
スラスラ学習できます！

なんどもくり返し解説します！

一度やった操作もくり返し説明するので、
忘れてしまってもまた思い出せます！

2 文字が大きい

たとえばこんなに違います。

ふつうの本	見やすいといわれている本	この本
大きな文字で 読みやすい	大きな文字で 読みやすい	大きな文字で 読みやすい

3 専門用語は絵で解説

大事な操作は言葉だけではなく絵でも理解できます。

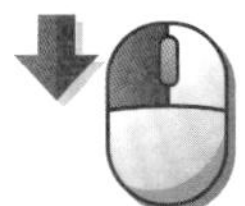

左クリックの
アイコン

ドラッグの
アイコン

入力の
アイコン

Enterキーのアイコン

オールカラー

2色よりもやっぱりカラー。

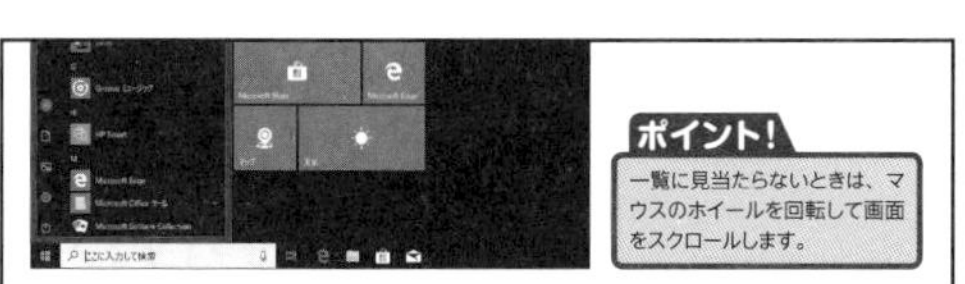

2色

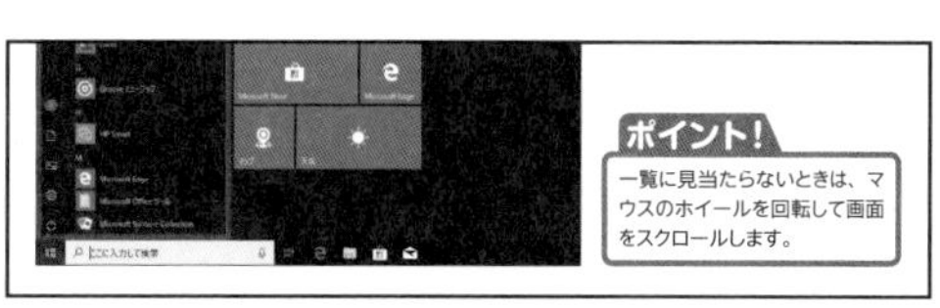

カラー

CONTENTS

3 文書の内容を入力しよう

4 文字に飾りをつけよう

5 文書のレイアウトを整えよう

6 イベントのチラシを作ろう

7 チラシに写真を入れて飾ろう

8 イベントの内容を表にまとめよう

9 縦書きの文書を作ろう

付録 ワードの困った!を解決しよう

[免責]

本書に記載された内容は、情報の提供のみを目的としています。したがって、本書を用いた運用は、必ずお客様自身の責任と判断によって行ってください。これらの情報の運用の結果について、技術評論社および著者はいかなる責任も負いません。

本書記載の情報は、2019年11月現在のものを掲載していますので、ご利用時には、変更されている場合もあります。

ソフトウェアやWebサイトはバージョンアップや更新が行われる場合があり、本書での説明とは機能内容や画面図などが異なってしまうこともあり得ます。OSやソフトウェアのバージョン、Webサイトの内容が異なることを理由とする、本書の返本、交換および返金には応じられませんので、あらかじめご了承ください。

以上の注意事項をご承諾いただいた上で、本書をご利用願います。これらの注意事項に関わる理由に基づく、返金、返本を含む、あらゆる対処を、技術評論社および著者は行いません。あらかじめ、ご承知おきください。

[動作環境]

本書はWindows 10とWord 2019を対象としています。

お使いのパソコンの特有の環境によっては、Windows 10とWord 2019を利用していた場合でも、本書の操作が行えない可能性があります。本書の動作は、一般的なパソコンの動作環境において、正しく動作することを確認しております。

動作環境に関する上記の内容を理由とした返本、交換、返金には応じられませんので、あらかじめご注意ください。

マウスの使い方を知ろう

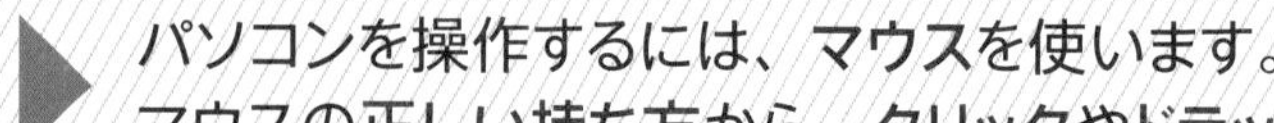

パソコンを操作するには、マウスを使います。
マウスの正しい持ち方から、クリックやドラッグなどの使い方までを知りましょう。

マウスの各部名称

最初に、**マウス**の各部の名称を確認しておきましょう。初心者には**マウスが便利**なので、パソコンについていなかったら購入しましょう。

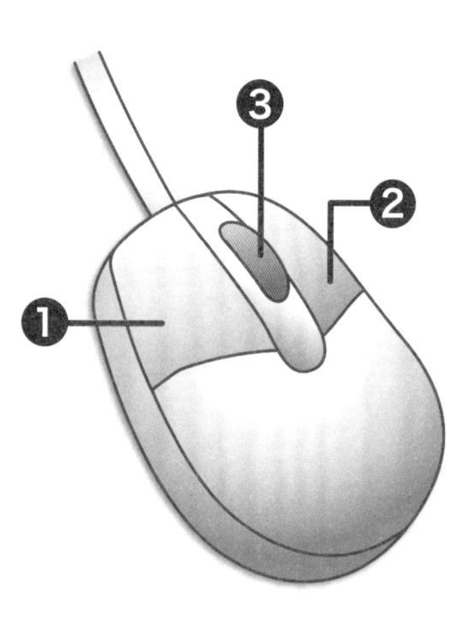

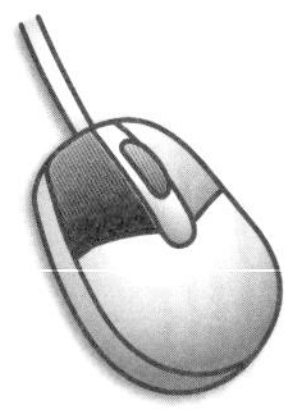

❶ 左ボタン

左ボタンを1回押すことを**左クリック**といいます。画面にあるものを選択したり、操作を決定したりするときなどに使います。

❷ 右ボタン

右ボタンを1回押すことを**右クリック**といいます。操作のメニューを表示するときに使います。

❸ ホイール

真ん中のボタンを回すと、画面が上下左右に**スクロール**します。

マウスの持ち方

マウスには、操作のしやすい持ち方があります。
ここでは、マウスの**正しい持ち方**を覚えましょう。

❶ 手首を机につけて、マウスの上に軽く手を乗せます。

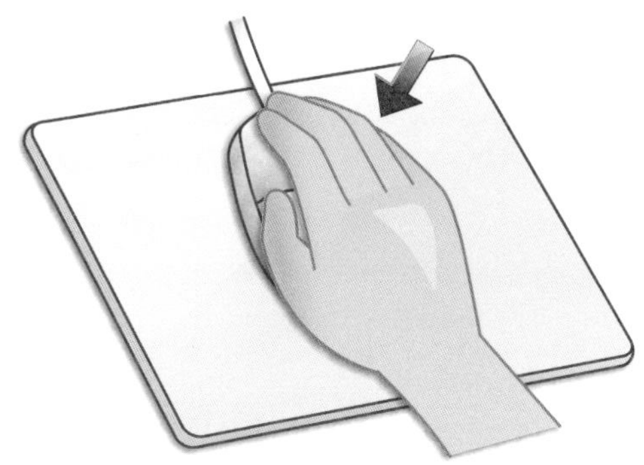

❷ マウスの両脇を、**親指**と**薬指**で軽くはさみます。

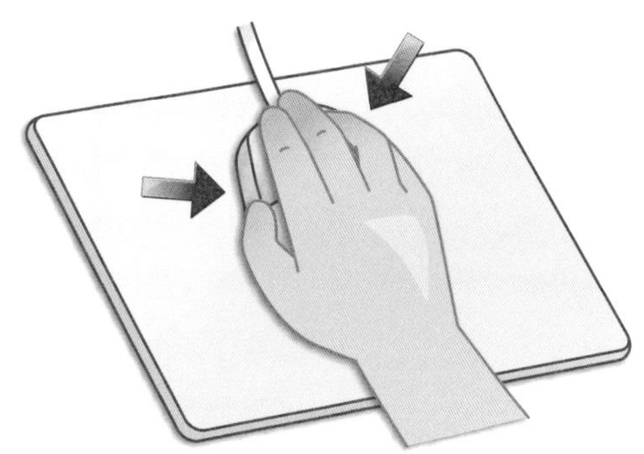

❸ **人差し指**を左ボタンの上に、**中指**を右ボタンの上に軽く乗せます。

❹ 机の上で前後左右にマウスをすべらせます。このとき、**手首をつけたまま**にしておくと、腕が楽です。

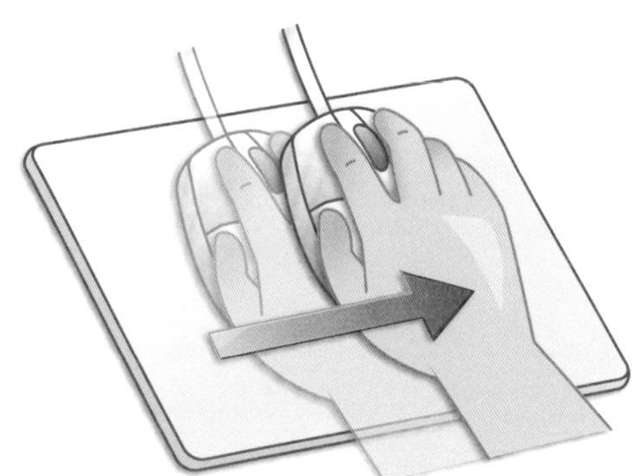

カーソルを移動する

マウスを動かすと、それに合わせて画面内の矢印が動きます。
この矢印のことを、**カーソル**といいます。

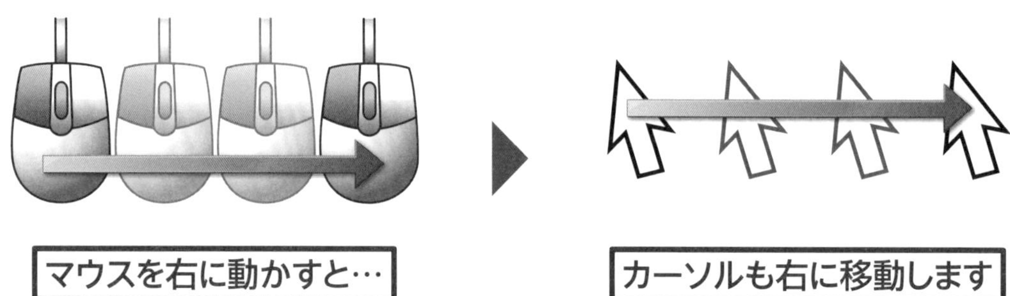

マウスを右に動かすと…
カーソルも右に移動します

● もっと右に移動したいときは?

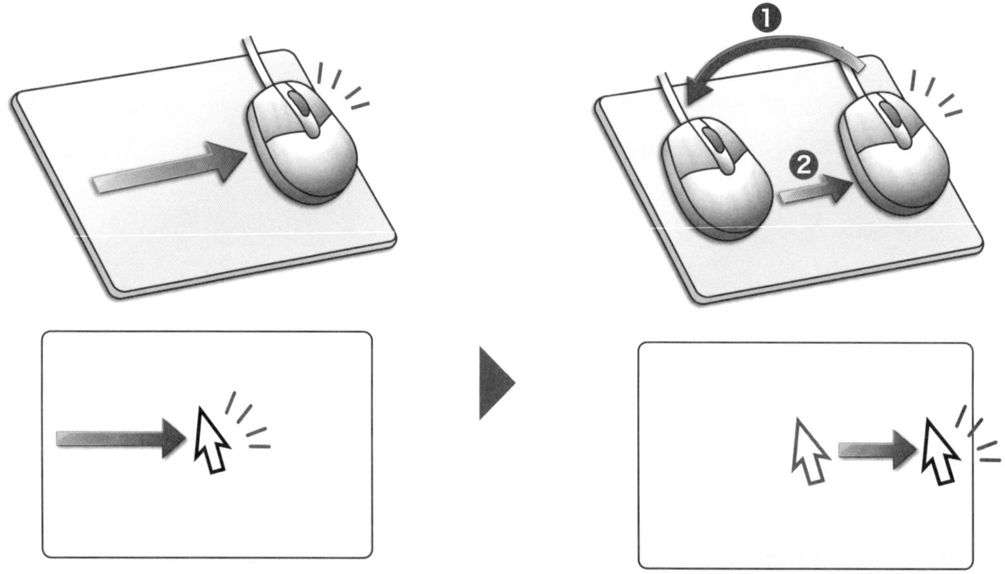

もっと右に動かしたいのに、マウスが机の端にきてしまったときは…

マウスを机から**浮かせて**、左側に持っていきます❶。そこからまた右に移動します❷。

マウスをクリックする

マウスの左ボタンを1回押すことを**左クリック**といいます。
右ボタンを1回押すことを**右クリック**といいます。

❶ クリックする前

11ページの方法でマウスを持ちます。

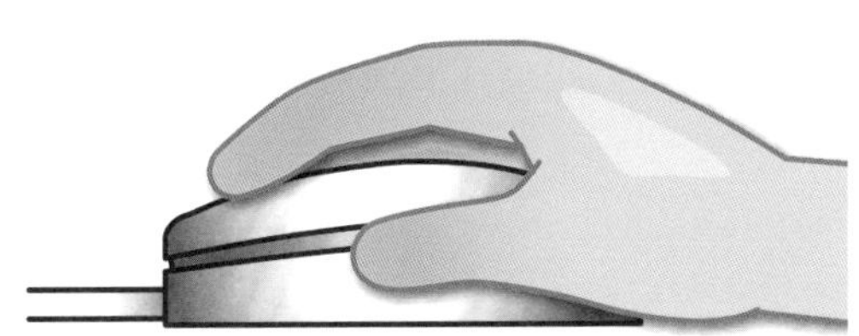

❷ クリックしたとき

人差し指で、左ボタンを軽く押します。カチッと音がします。

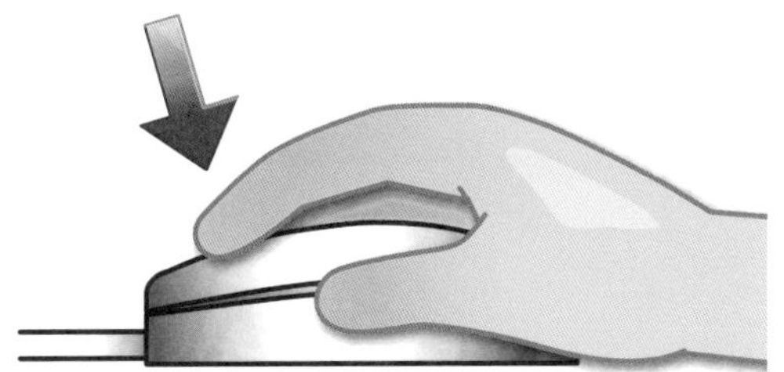

❸ クリックしたあと

すぐに力を抜きます。左ボタンが元の状態に戻ります。

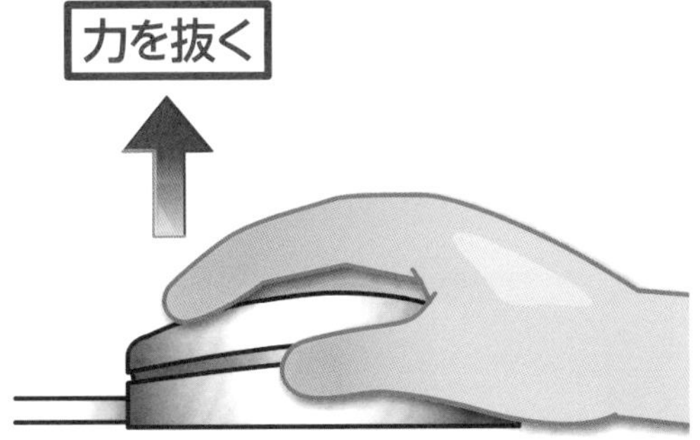

マウスを操作するときは、常にボタンの上に軽く指を乗せておきます。
ボタンをクリックするときも、ボタンから指を離さずに操作しましょう！

マウスをダブルクリックする

左ボタンを2回続けて押すことを**ダブルクリック**といいます。
カチカチとテンポよく押します。

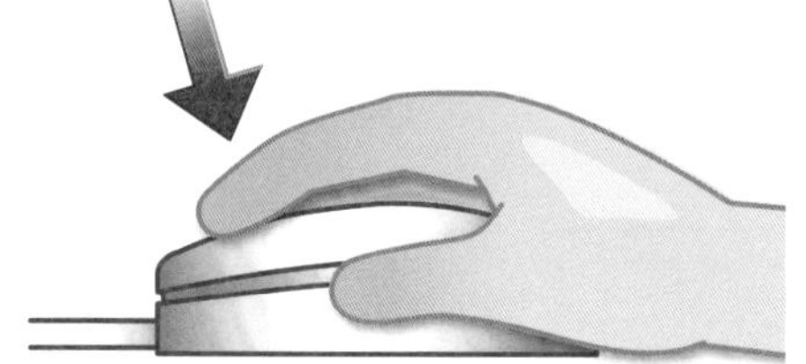

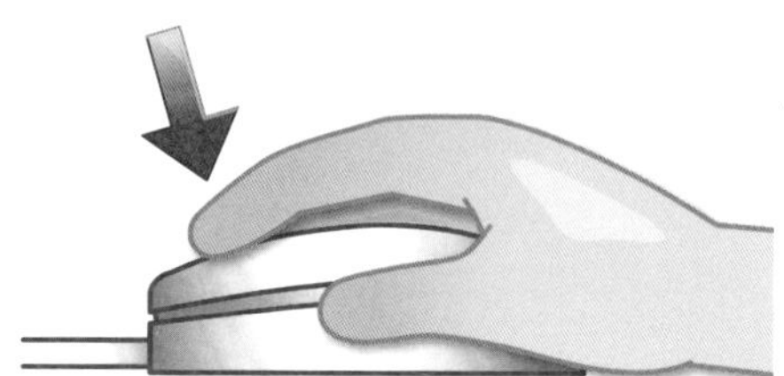

デスクトップのごみ箱のアイコンを使って、
ダブルクリックの練習をしましょう。

❶ 画面左上にあるごみ箱の上に ↖（カーソル）を移動します。

❷ 左ボタンをカチカチと2回押します（ダブルクリック）。

❸ ダブルクリックがうまくいくと「ごみ箱」が開きます。

❹ ×（閉じる）に ↖（カーソル）を移動して左クリックします。ごみ箱が閉じます。

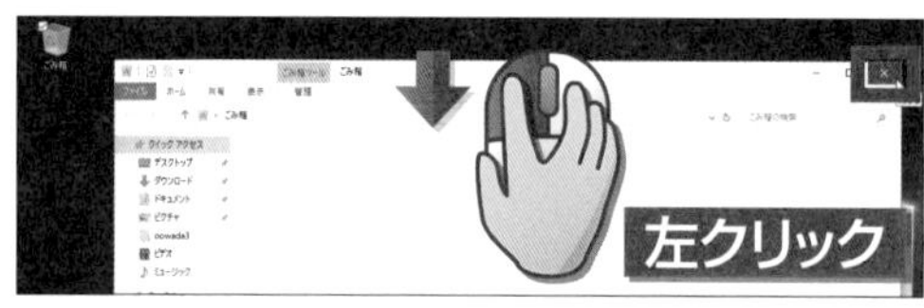

マウスをドラッグする

マウスの左ボタンを押しながらマウスを動かすことを、
ドラッグといいます。

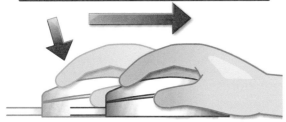

左ボタンを押したまま移動して…

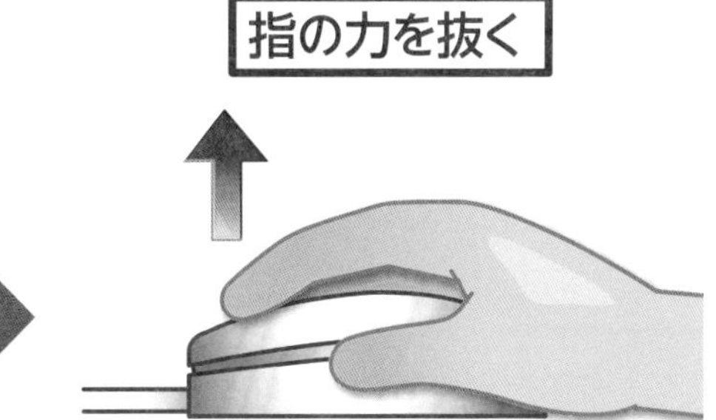

デスクトップのごみ箱のアイコンを使って、
ドラッグの練習をしましょう。

❶ ごみ箱の上に（カーソル）を移動します。左ボタンを押したまま、マウスを右下方向に移動します。

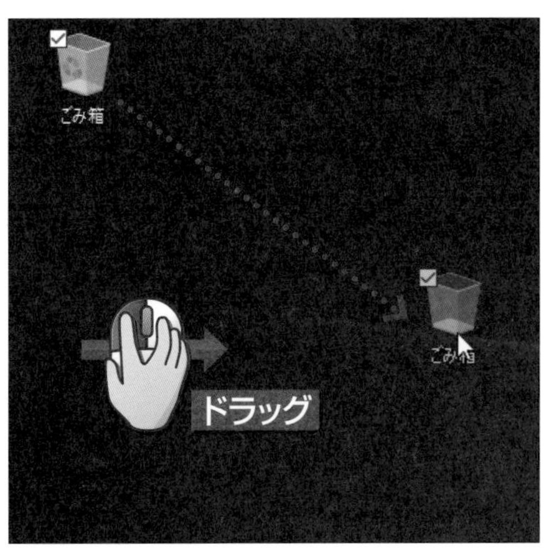

❷ ドラッグがうまくいくと、ごみ箱の場所が移動します。同様の方法で元の場所に戻しましょう。

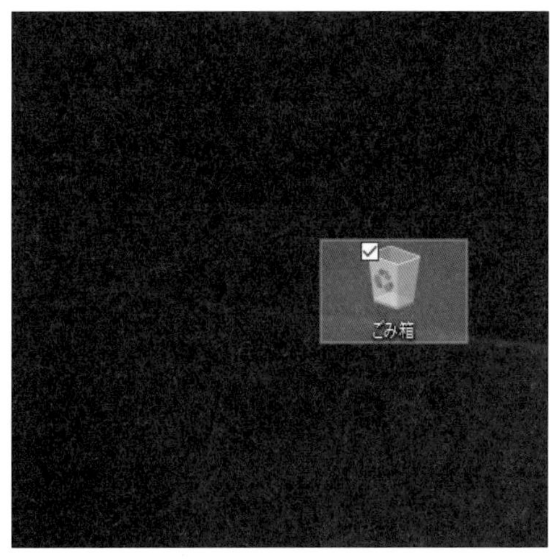

キーボードを知ろう

パソコンで文字を入力するには、キーボードを使います。
最初にキーボードにどのようなキーがあるのかを確認しましょう。

キーの配列

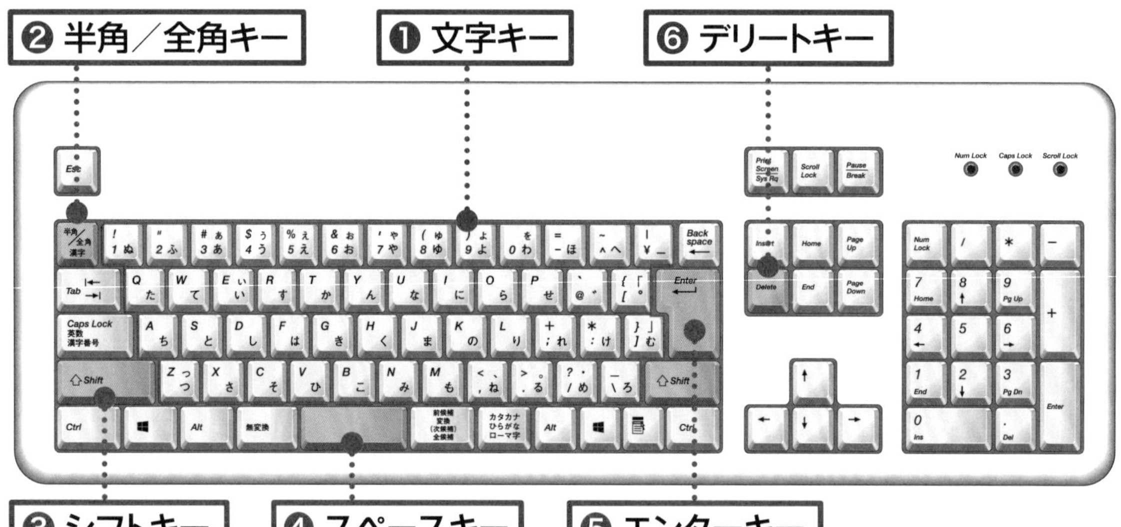

❶ 文字キー
文字を入力するキーです。

❷ 半角／全角キー
日本語入力と英語入力を切り替えます。

❸ シフトキー
文字キーの左上の文字を入力するときは、
このキーを使います。

❹ スペースキー
ひらがなを漢字に変換したり、
空白を入れたりするときに使います。

❺ エンターキー
変換した文字を確定するときや、
改行するときに使います。

❻ デリートキー
文字を消すときに使います。
「Del」と表示されている場合もあります。

1 第1章 ワードの基本を学ぼう

この章で学ぶこと

- ワードを起動できますか?
- ワードの画面の各部名称がわかりますか?
- 作成した文書を保存できますか?
- ワードを正しく終了できますか?
- 保存した文書を開けますか?

この章でやることを知っておこう

この章では、ワードの画面を表示して新しい文書を作成する準備を紹介します。また、文書を保存してワードを終了するなどの基本操作を紹介します。

ワードの画面を表示する

アプリの一覧から**ワードを起動**して、文書を作成する準備をします。

操作のためのボタン

文字を入力する場所

画面上部には、操作のためのボタンが並んでいます。下の白い部分に文字を入力していきます！

文書を保存する

作成した文書は、パソコンに**保存**します。
保存した文書は、なんども開いて、**修正**できます。

ワードを終了する

を**左クリック**して、**ワードを終了**します。

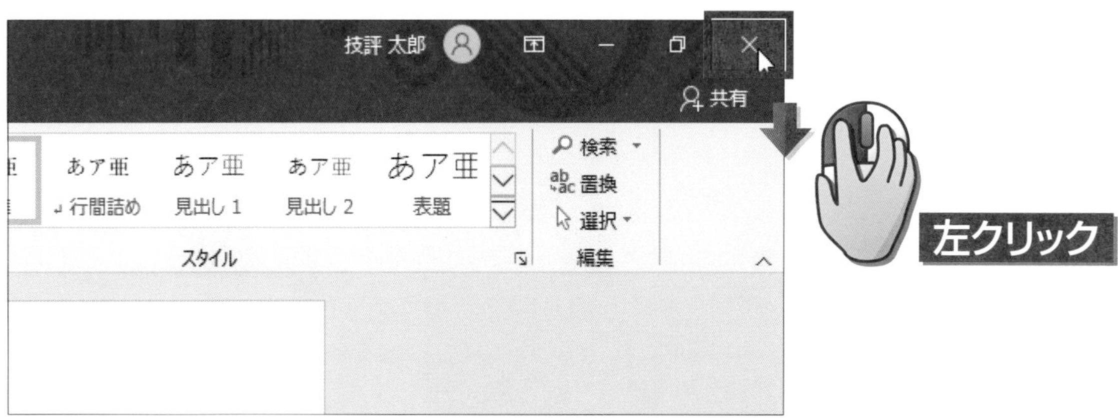

ワードを起動しよう

ワードの画面を開いて、新規文書を作る準備をしましょう。
ここでは、アプリの一覧を開いてワードを起動します。

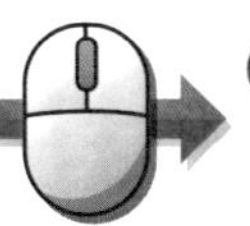

▶P.012

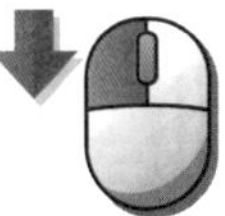

▶P.013

▶P.010

1 「スタート」ボタンを左クリックします

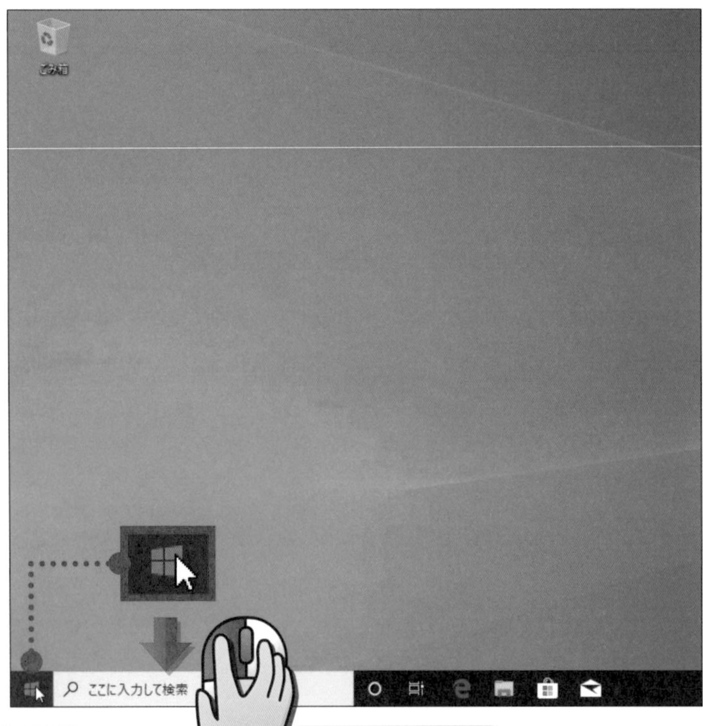

スタートボタン  に

カーソル  を移動して、

 左クリックします。

200ページの方法を使うと、ワードをもっとかんたんに起動することができるよ！

2 アプリの一覧が表示されます

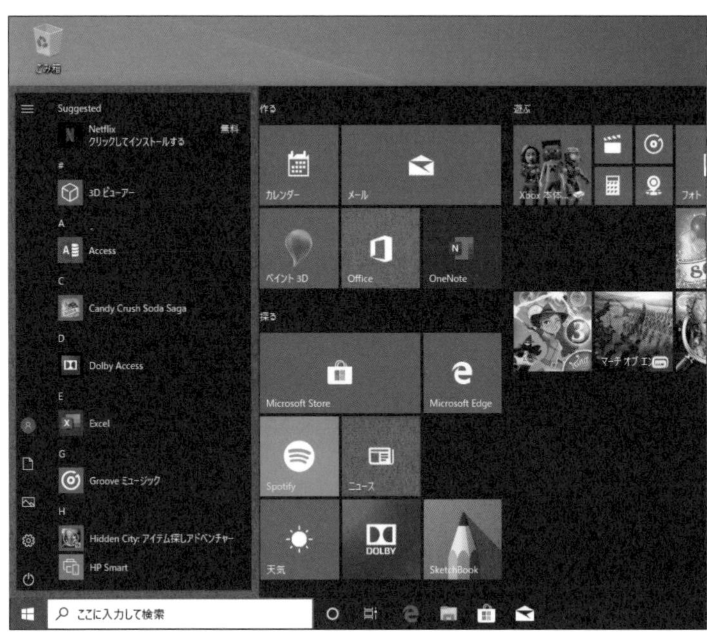

アプリの一覧が表示されます。

パソコンにインストールされているアプリは、すべてここに表示されます！

3 ワードを探す準備をします

アプリ一覧の上にカーソルを移動します。

4 ワードを探します

マウスのホイールを

 回転して、

ワードのアプリを

探します。

ポイント！

本書はワード2019の解説本です。お使いのワードが2016や2013の場合はほぼ同じ操作ができますが、それ以外の場合はご利用できません。

5 ワードを起動します

を

左クリックします。

ポイント！

ワード2013を使っている場合は、（Microsoft Office 2013）を左クリックし、（Word 2013）を左クリックします。

6 ワードが起動しました

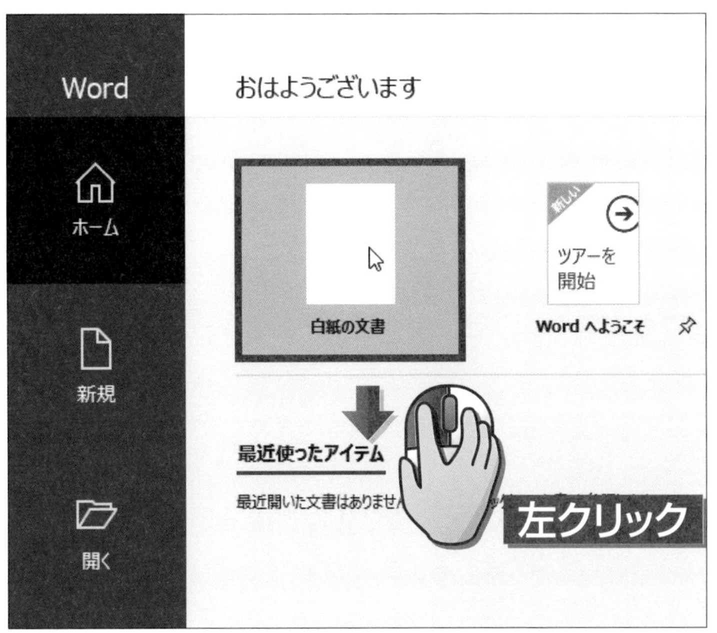

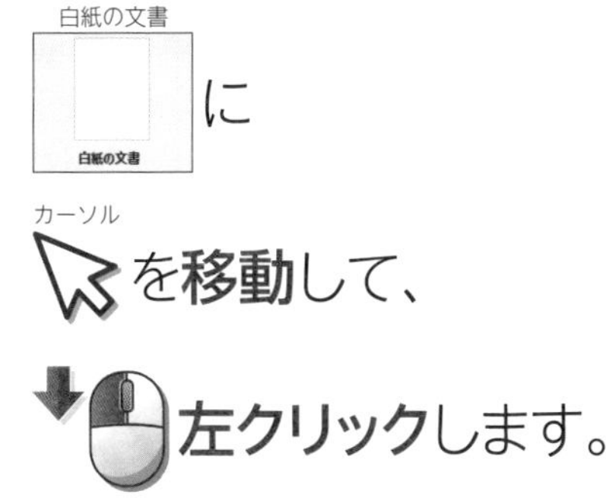

白紙の文書
白紙の文書
に
カーソル
を移動して、
左クリックします。

7 新しい文書が表示されます

新しい文書を作成する準備ができました。

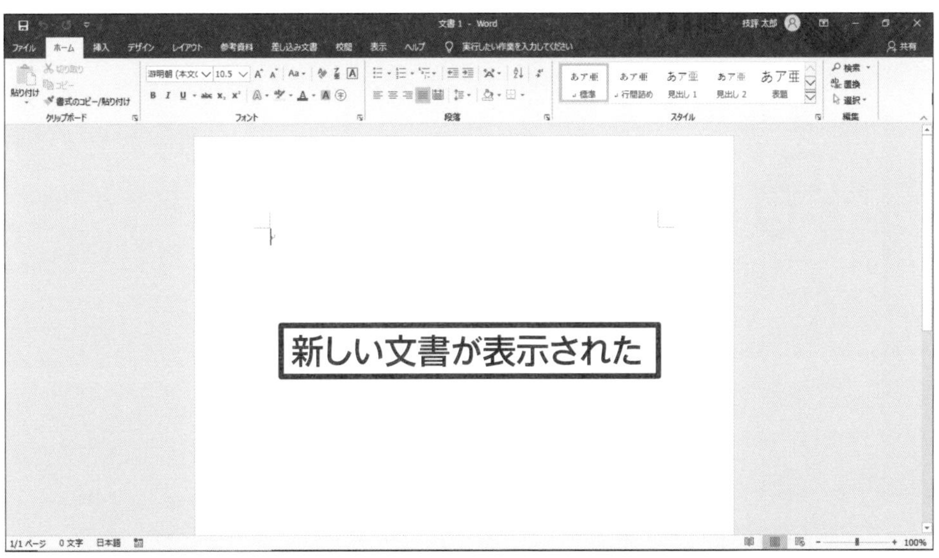

ワードの画面を確認しよう

ワードの画面全体を見てみましょう。画面各部の名前と役割を確認しておきます。ここでの名称は、本文の解説でも出てくるので、よく覚えておきましょう。

ワードの画面

ワードの画面は、次のようになっています。

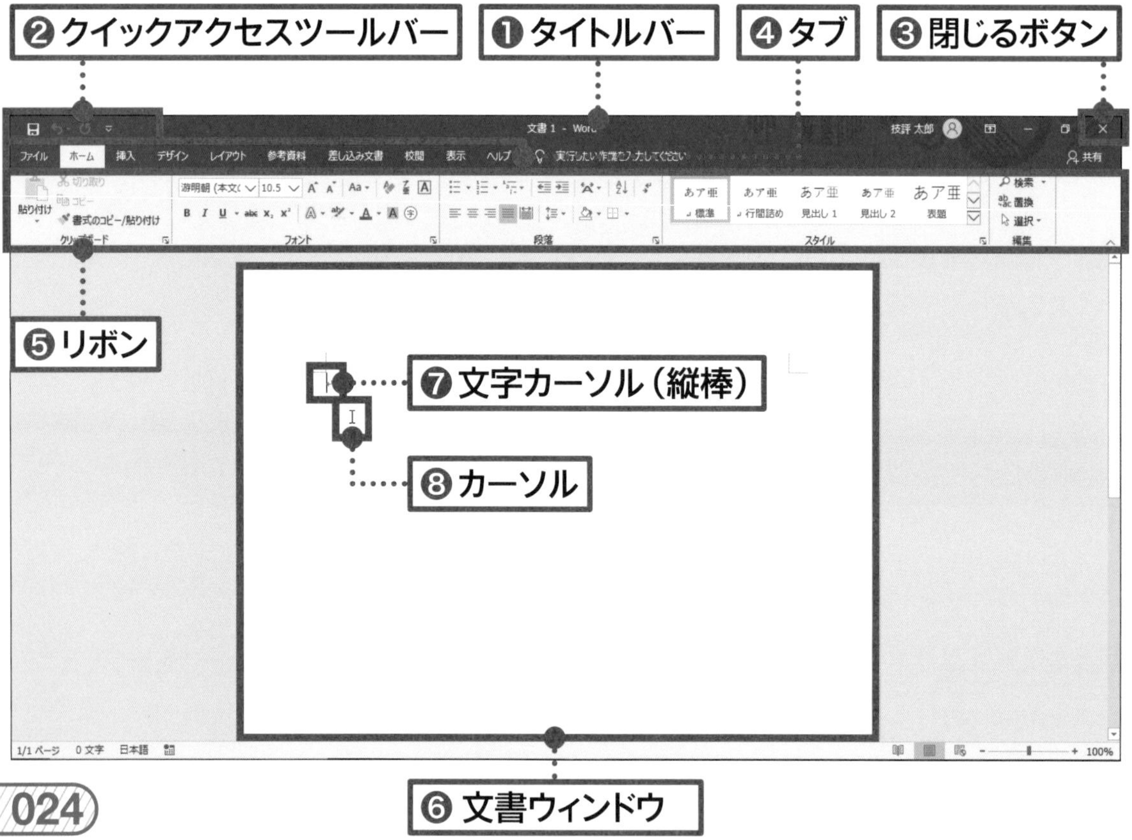

❷クイックアクセスツールバー　❶タイトルバー　❹タブ　❸閉じるボタン

❺リボン

❼文字カーソル（縦棒）

❽カーソル

❻文書ウィンドウ

各部の役割

❶タイトルバー

現在開いているファイルの名前が表示されます。

文書 1 - Word

❷クイックアクセスツールバー

よく使うボタンが並んでいます。

❸「閉じる」ボタン

このボタンを左クリックすると、ワードが終了します。

❹タブ／❺リボン

よく使う機能が分類ごとにまとめられて並んでいます。タブを左クリックすると、リボンの内容が切り替わります。

❻文書ウィンドウ

文書の内容を入力する場所です。

❼文字カーソル（縦棒）

文字が表示される位置を示しています。ペン先と考えるとわかりやすいでしょう。

❽カーソル

マウスの位置を示しています。
カーソルの形は、マウスの位置によって変化します。

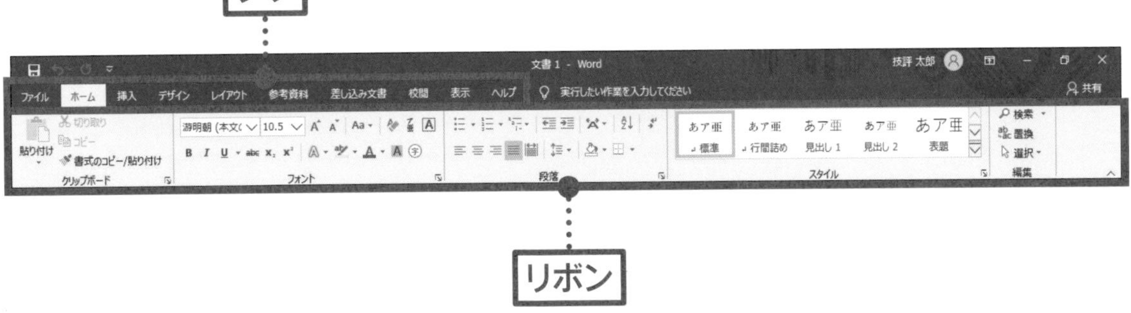

文書を作る手順を知ろう

ワードでは、さまざまな文書を作成できます。
お知らせ文書などの基本的な文書を作成するには、次の手順で作成します。

手順❶　文字の入力

お知らせ文書の内容を入力します。キーボードから**文字を入力**します。2章、3章で紹介します。

2020年10月1日

文化クラブ会員の皆様へ
事務局：高橋愛
takahashi@example.com

秋の演奏会のお知らせ

拝啓　秋冷の候、皆様にはますますご清祥のこととお慶び申し上げます。
さて、毎年恒例の「秋の演奏会」を今年も下記の通り開催することになりました。ぜひ、ご来場くださいますようお知らせいたします。

敬具

記

日時：１１月１７日（火）午後７時から
場所：文化クラブハウス　レストラン
会費：１万円（食事付）

※参加ご希望の方は、＜１０月２０日＞までにお申し込みください。ご予約は先着順になり

文字を入力する

手順② 文字の装飾

強調したい文字を選択して、**文字の大きさ**を変更したり、**文字に飾り**をつけたりします。4章で紹介します。

文化クラブ会員の皆様へ
事務局：高橋愛
takahashi@example.com

秋の演奏会のお知らせ

文字に飾りをつける

手順③ 文字の配置の調整

文字の配置を調整して見栄えを整えます。
5章で紹介します。

文字の配置を整える

2020年10月1日

文化クラブ会員の皆様へ

事務局：高橋愛
takahashi@example.com

秋の演奏会のお知らせ

拝啓　秋冷の候、皆様にはますますご清祥のこととお慶び申し上げま
さて、毎年恒例の「秋の演奏会」を今年も下記の通り開催することに
来場くださいますようお知らせいたします。

敬具

記

- 日時：１１月１７日（火）午後７時から
- 場所：文化クラブハウス　レストラン
- 会費：１万円（食事付）

ワードの文書には、写真やイラスト、表なども入れられます。6～8章で紹介します！

文書を保存しよう

作成したファイルをあとでまた利用するには、ファイルに名前をつけて保存します。
作成したファイルには、それぞれ別の名前をつけます。

1 ファイルを保存する準備をします

上書き保存

を

左クリックします。

このファイルを保存

ファイル名

文書1 .docx

場所を選択

ドキュメント

taro0831@outlook.jp » OneDrive - 個人用 » ドキュメント

その他の保存オプション →

キャンセル

左クリック

左の画面が

表示された場合は、

を

左クリックします。

2 保存先を選びます

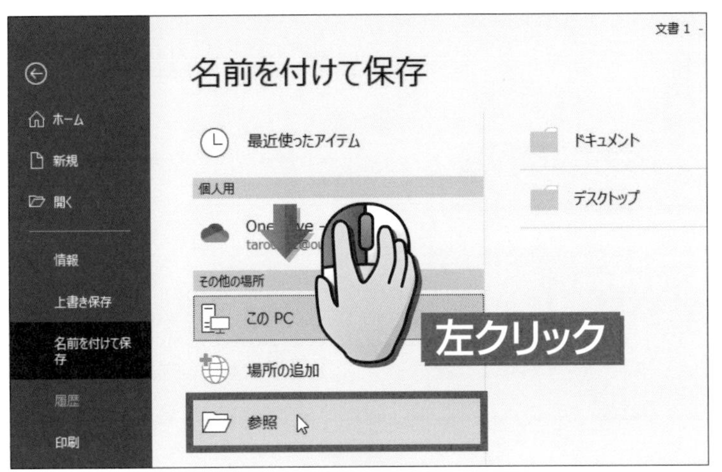

に

カーソルを移動して、

左クリックします。

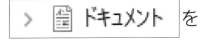

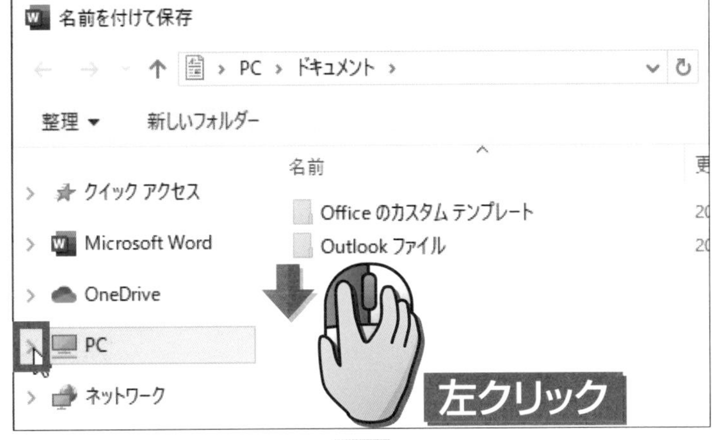

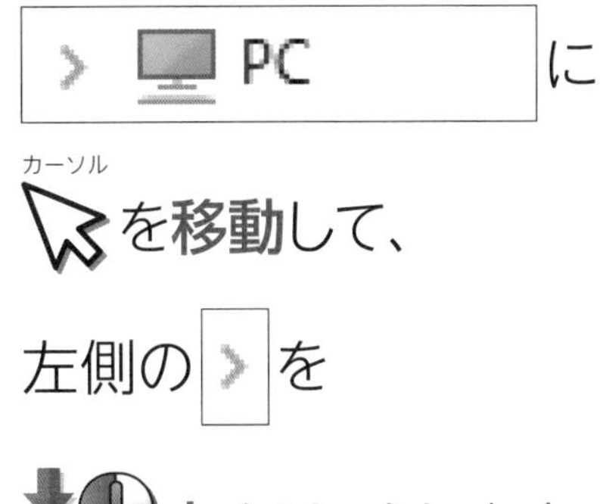

に

カーソルを移動して、

左側の ＞ を

左クリックします。

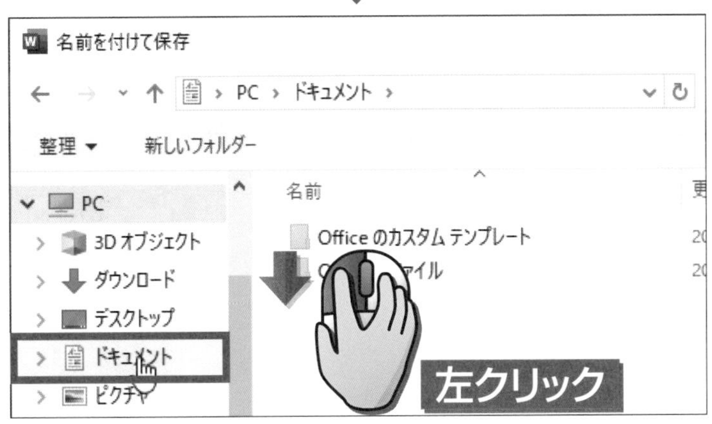

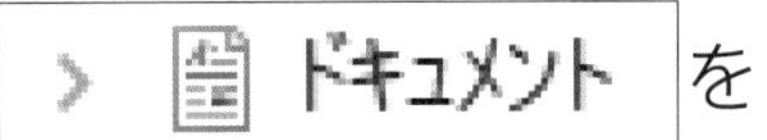

を

左クリックします。

次へ ›››

3 ファイル名を入力して保存します

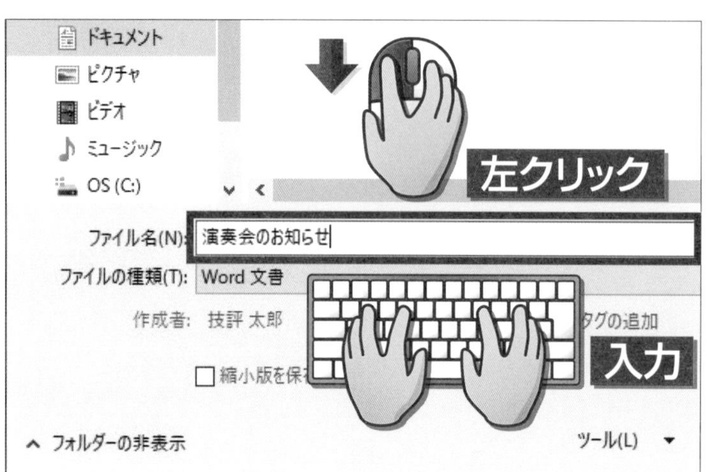

の
文書1
を

左クリックして、

ファイルの名前を

入力します。

ポイント!

ここでは、「演奏会のお知らせ」」と入力しています。

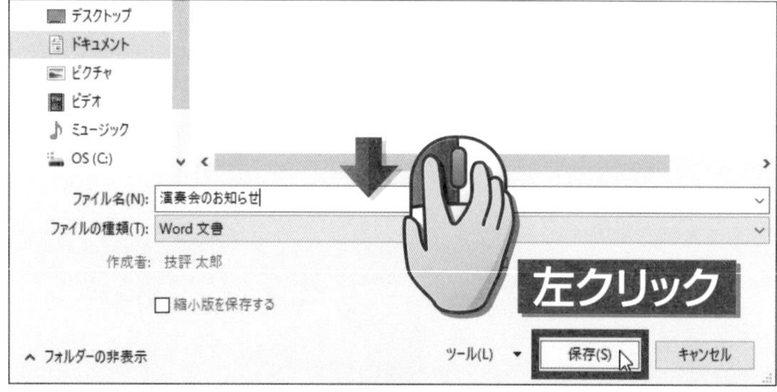

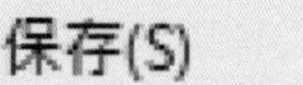

を

左クリックします。

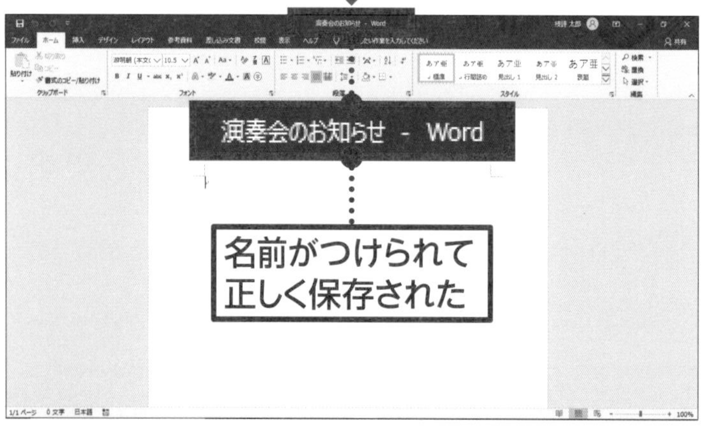

ファイルの保存ができました。

コラム 保存画面が表示されないときもある

28ページの手順 **1** で 💾 を**左クリック**しても、

手順 **2** の保存画面が毎回表示されるわけではありません。

ファイルを一度保存すると、次回からは

💾 を**左クリック**するだけで、

修正した内容を保存することができます（**上書き保存**）。

この場合、ファイル名を入力する保存画面は表示されません。
詳しい操作は、56ページを参照してください。

● はじめて保存する場合　新規保存

新しいファイルが保存される

● 2回目以降に保存する場合　上書き保存

保存画面は表示されない

最新の内容に更新されて保存される

ワードを終了しよう

ファイルを保存してワードを使い終わったら、ワードを終了します。
正しい操作でワードを終了しましょう。

1 ワードを終了します

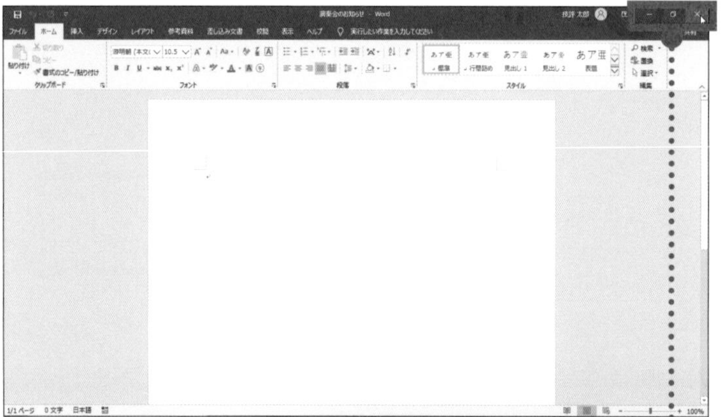

画面右上の

に

カーソル を移動して、

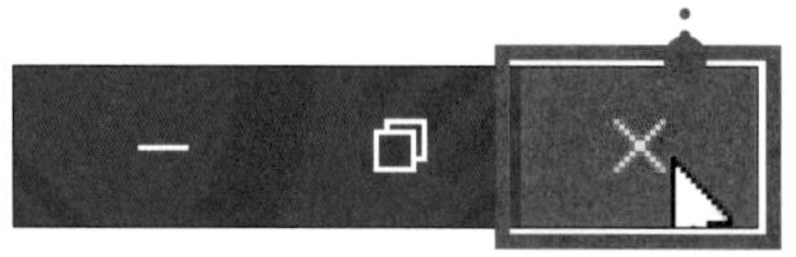

2 メッセージが表示されたときは

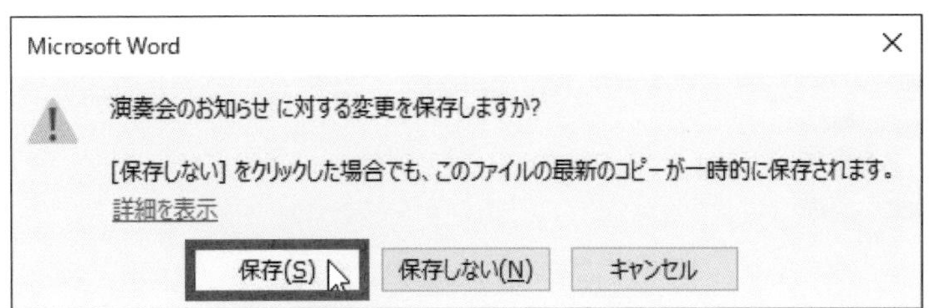

Microsoft Word
演奏会のお知らせ に対する変更を保存しますか?
[保存しない] をクリックした場合でも、このファイルの最新のコピーが一時的に保存されます。
詳細を表示
保存(S)
保存しない(N)
キャンセル

左の画面が
表示されたら、
保存(S) を
左クリックします。

ポイント!

左の画面が表示されないときは、
そのまま次の手順に進みます。

3 ワードが終了しました

ワードの画面が閉じて、デスクトップが表示されます。

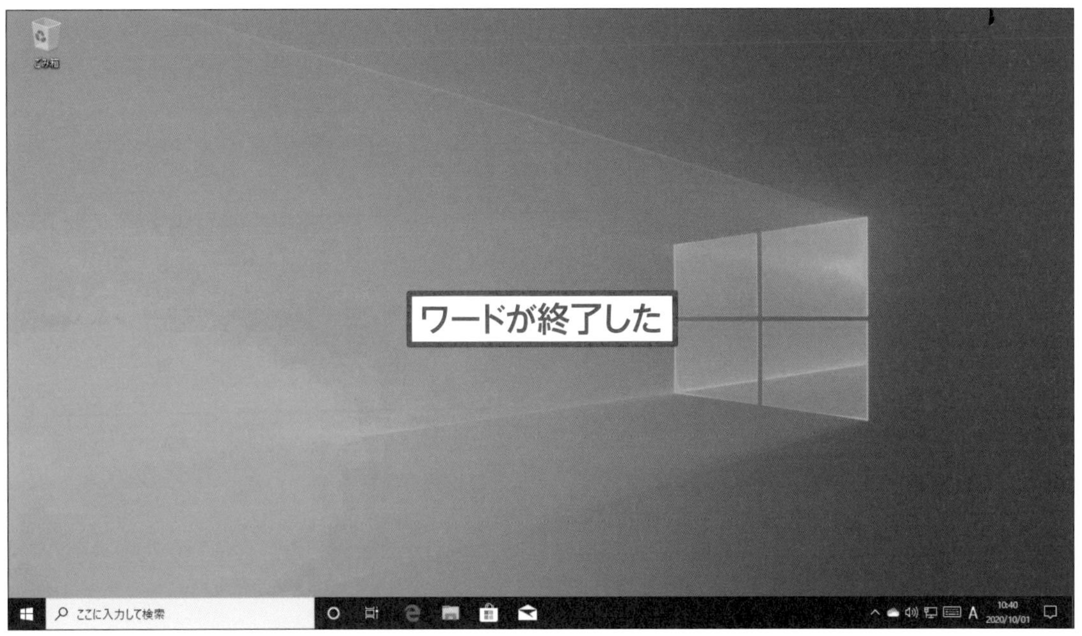

保存した文書を開こう

保存したファイルを再び使うときは、ファイルを開きます。
ここでは、28ページで保存した「演奏会のお知らせ」のファイルを開きます。

操作　移動 ▶P.012　左クリック ▶P.013

1 ファイルを開く準備をします

20ページの方法で、ワードを起動します。

ファイル を左クリックします。

開く にカーソルを移動して、左クリックします。

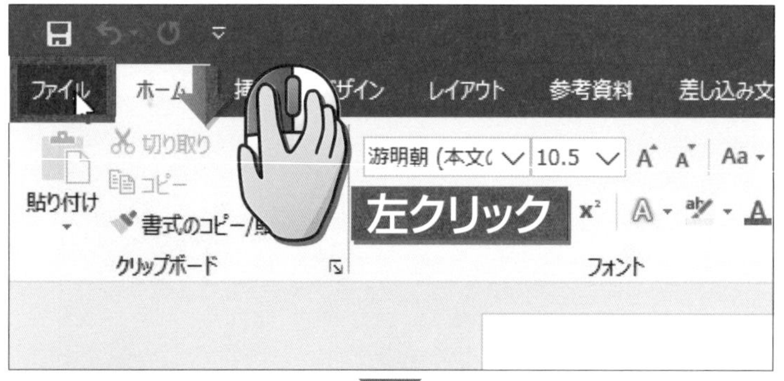

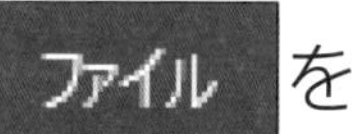

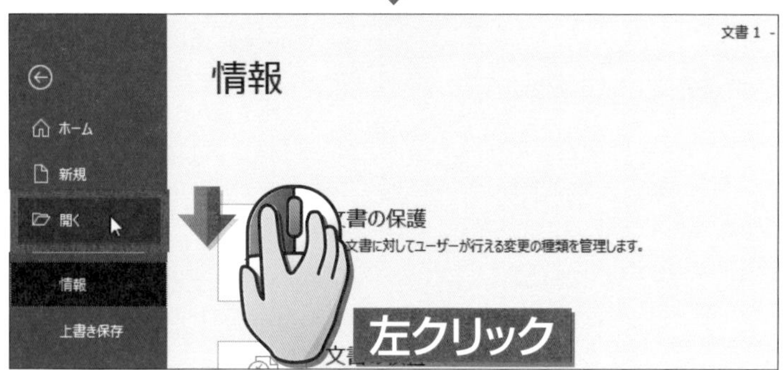

2 ファイルを開きます

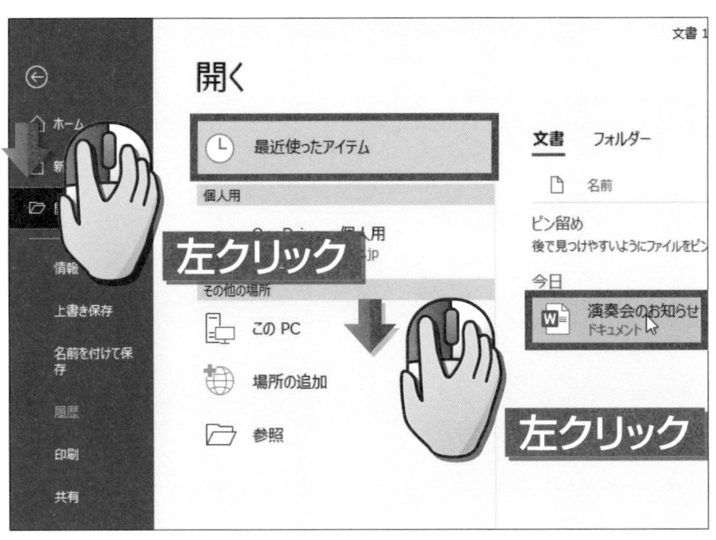

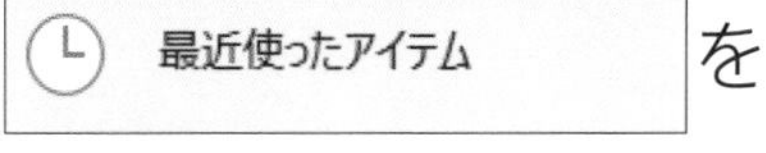

を

左クリックします。

開きたいファイル（ここでは「演奏会のお知らせ」）を

左クリックします。

3 ファイルが表示されます

「演奏会のお知らせ」のファイルが開きました。
32ページの方法で、ワードを終了します。

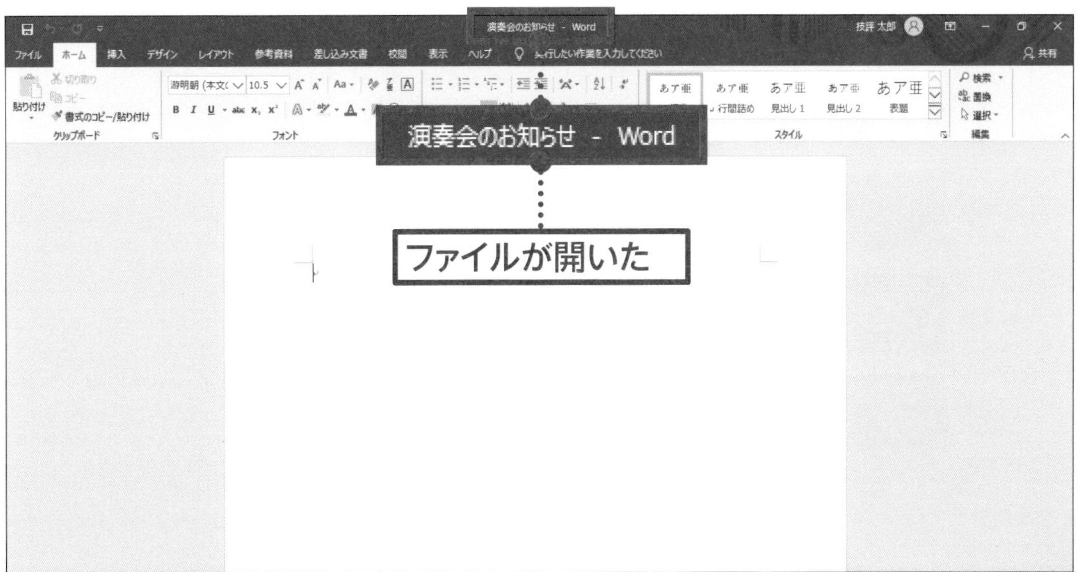

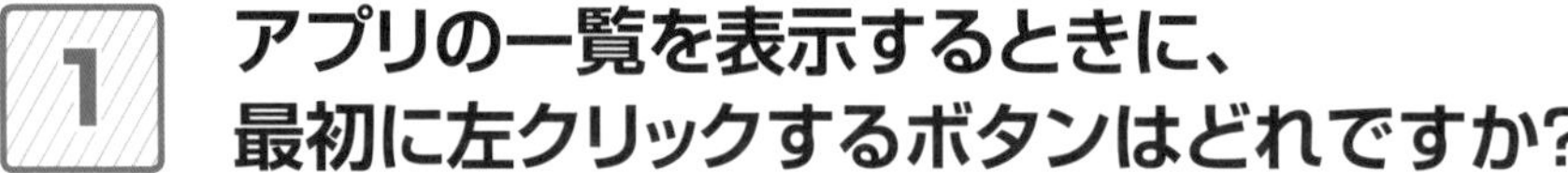

第１章　練習問題

1

アプリの一覧を表示するときに、最初に左クリックするボタンはどれですか？

❶ A

❷

❸

2

リボンの内容を切り替えるときに左クリックする場所はどれですか？

❶ タイトルバー
❷ タブ
❸ クイックアクセスツールバー

3

ワードを終了するときに、左クリックするボタンはどれですか？

❶ ─

❷

❸ ×

第2章

2 お知らせ文書を作ろう

この章で学ぶこと

- 日本語入力と英語入力を切り替えられますか?
- ひらがなを漢字に変換できますか?
- 文章を改行できますか?
- 間違った文字を修正できますか?
- 更新した文書を上書き保存できますか?

この章でやることを知っておこう

この章では、かんたんなお知らせ文書を作成しながら、文字入力の基本を学びます。また、間違えて入力した文字を削除して修正する方法なども紹介します。

文字を入力する

ひらがなや**漢字**、**英字**などを入力します。

漢字を入力するには、**ひらがなを入力**して**漢字に変換**します。

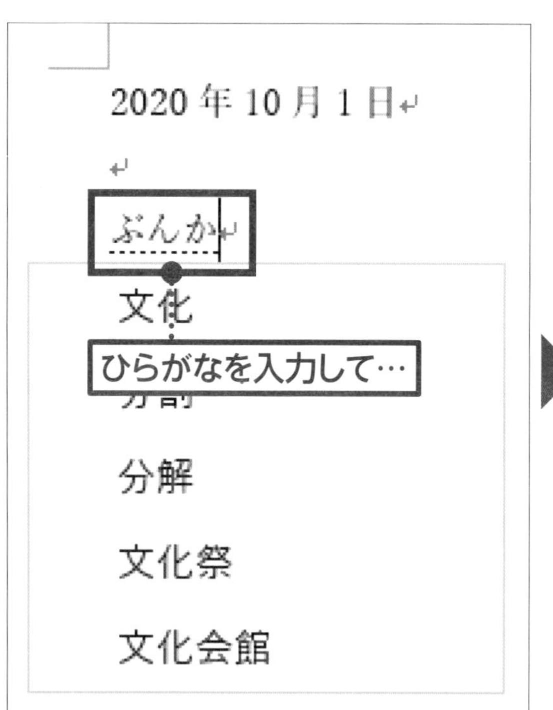

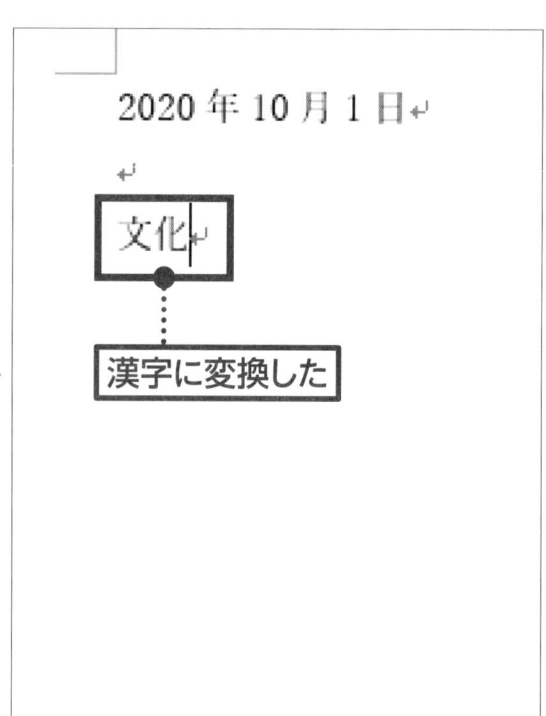

文字を修正する

文字を**修正**するには、修正したい文字を**削除**して、
新しい文字を**入力**し直します。

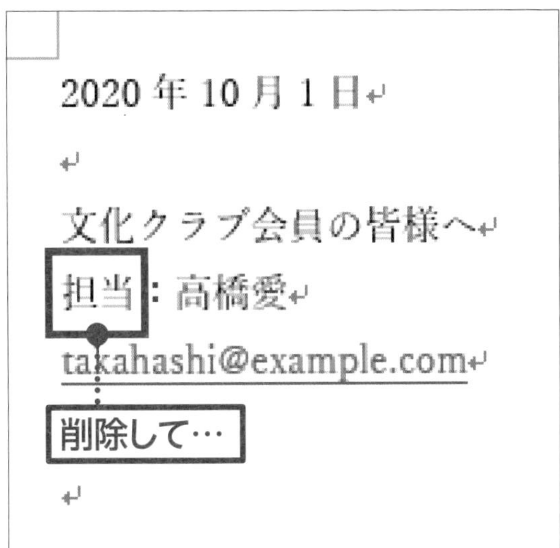

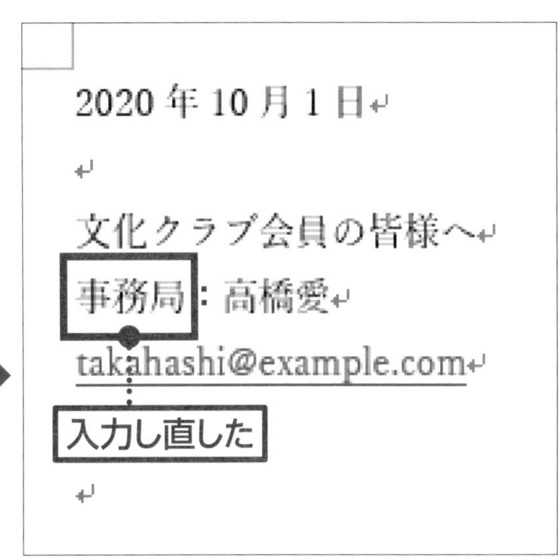

文書を上書き保存する

修正した文書は、を**左クリック**するだけで

保存し直すことができます（**上書き保存**）。

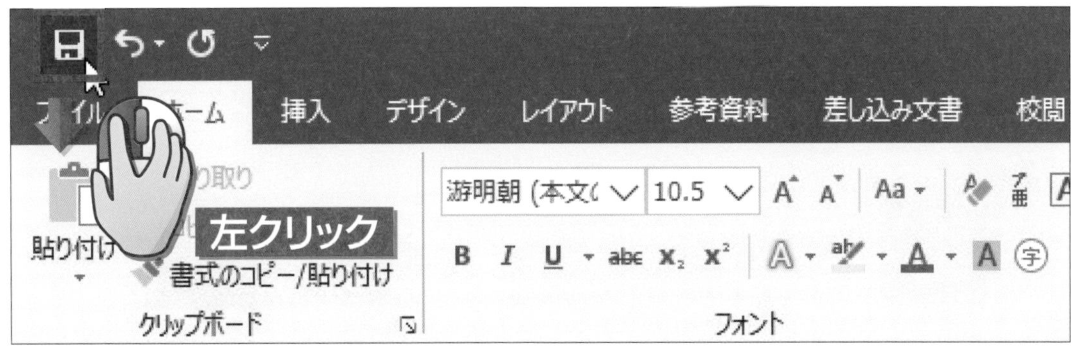

日本語入力のしくみを知ろう

文字を入力する前に、入力モードアイコンを理解しておきましょう。
英語と日本語の入力を切り替えることができます。

 入力モードを知ろう

英語と日本語の切り替えは、
入力モードアイコンを切り替えて行います。

入力モードアイコンが あ の場合は**日本語入力モード**の状態です。

入力モードアイコンが A の場合は**英語入力モード**の状態です。

入力モードアイコンの**切り替え**は、 キーを押して行います。

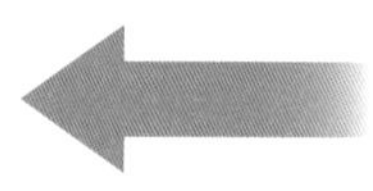

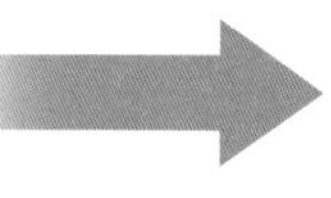

文字の入力方法を知ろう

日本語入力モードには、ローマ字で入力する**ローマ字入力**と、ひらがなで入力する**かな入力**の２つの方法があります。本書では、**ローマ字入力を使った方法**を解説します。

●ローマ字入力

ローマ字入力は、アルファベットのローマ字読みで日本語を入力します。かなとローマ字を対応させた表を、**この本の裏表紙**に掲載しています。

●かな入力

かな入力は、キーボードに書かれているひらがなの通りに日本語を入力します。

今日の日付を入力しよう

文書の先頭に、今日の日付を入力しましょう。
日付の途中まで入力すると、今日の日付が自動的に入力されます。

入力
▶P.016

1 入力の準備をします

34ページの方法で、「演奏会のお知らせ」文書を開いておきます。

入力モードアイコンが

A になっている場合は、

半角／全角

半角/全角 漢字 キーを押して、

あ に切り替えます。

ポイント！

ここでは、ローマ字入力の方法（41ページ）で文字を入力します。

2 日付を入力します

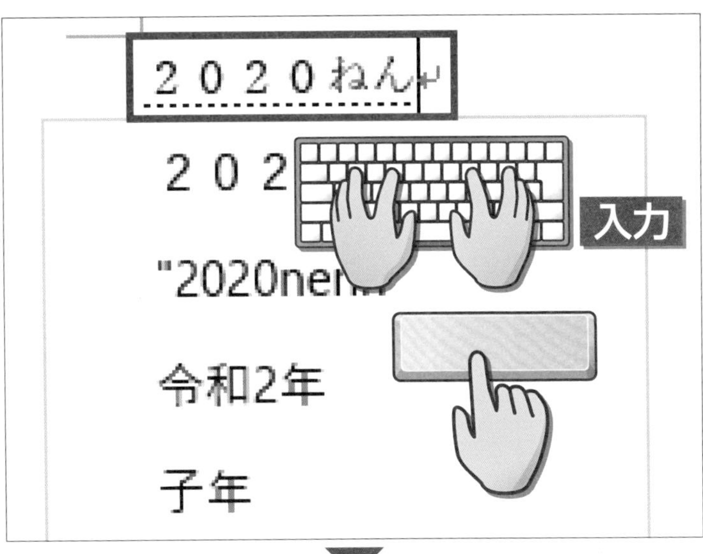

本日の西暦の年を

**入力**します。

のキーを押し、

スペース

キーを押します。

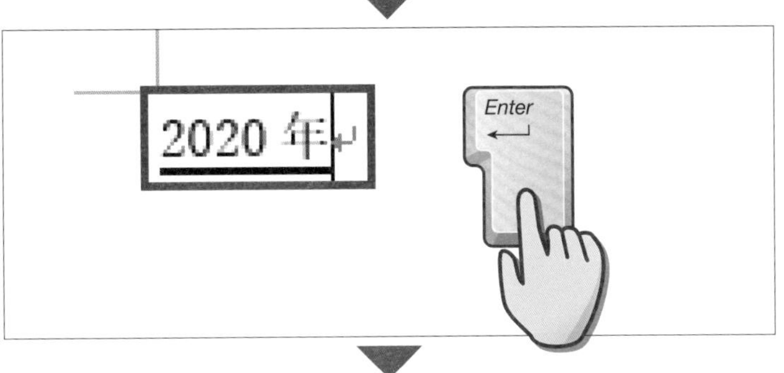

今年の西暦の年に変換されたら

エンター

キーを押します。

今日の日付が表示されます。

エンター

Enter キーを押します。

今日の日付が自動で入力されました。

次の行へ改行しよう

ひとまとまりの文章を入力できたら、区切りの場所で改行します。
次の行の先頭から文字を入力できるように、文字カーソルを移動します。

操作 
入力
▶P.016

1 改行します

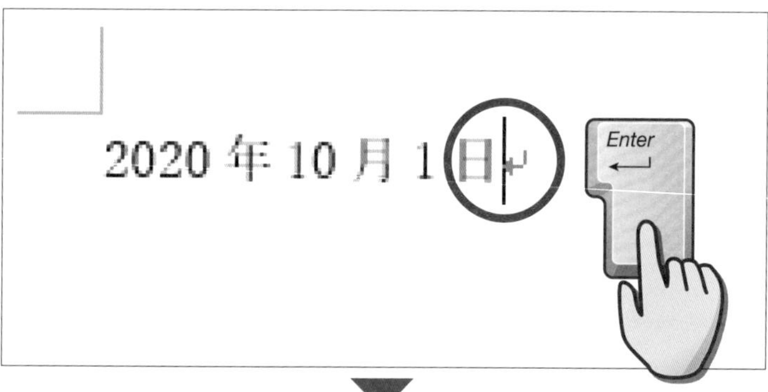

行の最後で

文字カーソル｜が点滅していることを確認します。

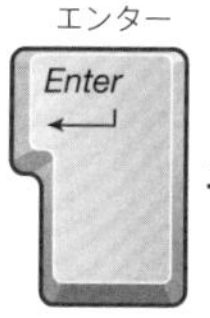

エンター キーを押します。

文字カーソル｜が次の行の先頭に移動します。

これで、改行できました。

2 空行を入れます

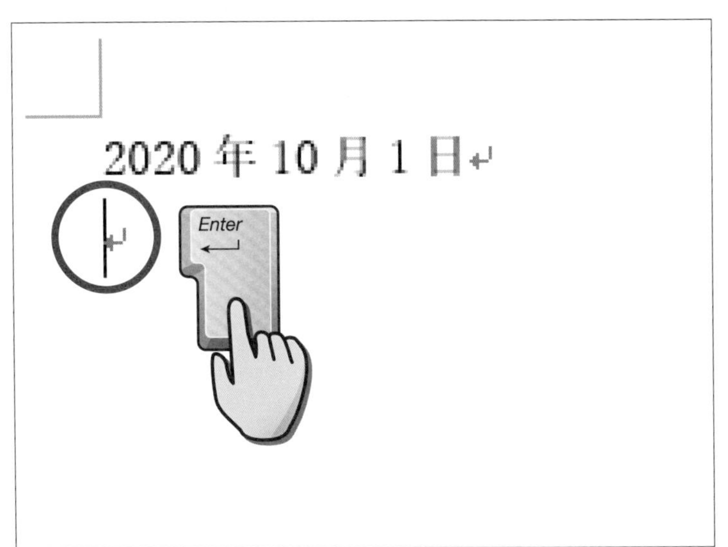

行の先頭に

文字カーソル
｜ があることを

確認します。

エンター
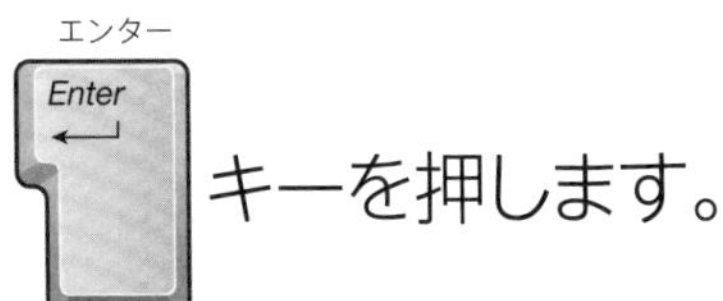

キーを押します。

3 空行が入りました

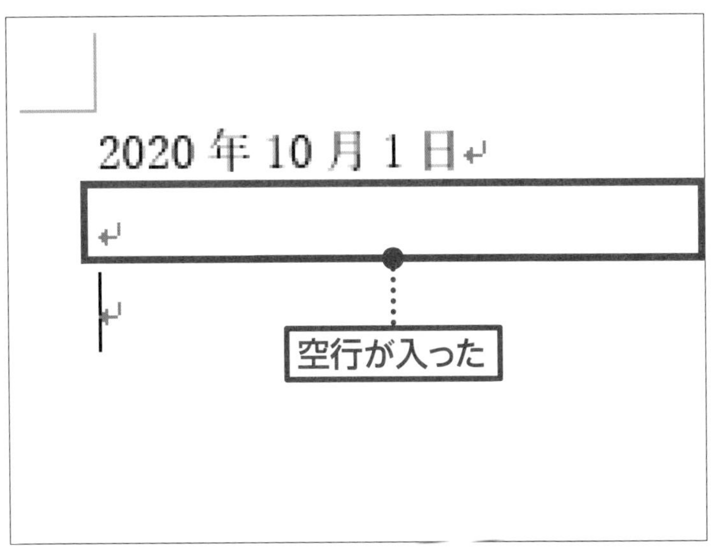

文字カーソル
｜ が次の行に

移動します。

1行分、間があいて、
空行が入りました。

ポイント！

↵は、行末を意味する記号です。印刷はされません。

宛先を入力しよう

ここでは、お知らせ文書の冒頭に、文書の宛先を入力しましょう。
入力したい文字に変換されなかったときは、変換候補の中から選び直します。

操作

▶P.016

1 「文化」と入力します

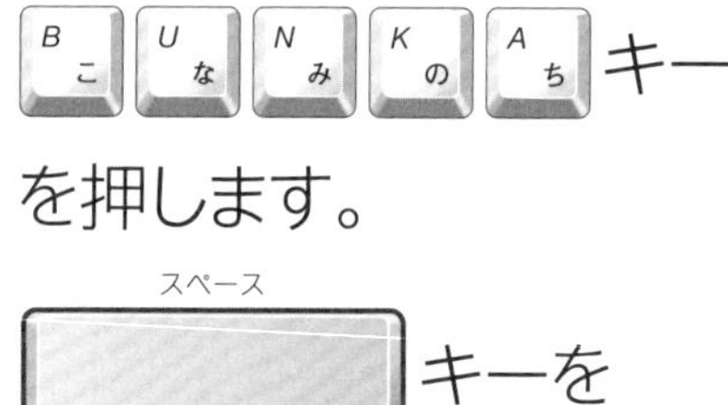

B U N K A キーを押します。

スペースキーを押します。

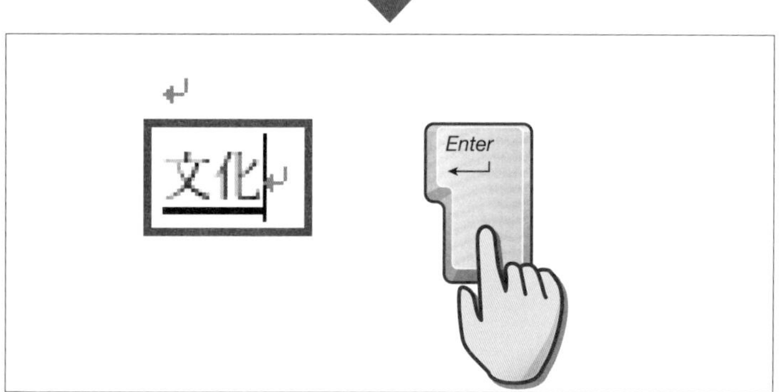

「文化」と変換されたら

キーを押します。

2 「クラブ」と入力して変換します

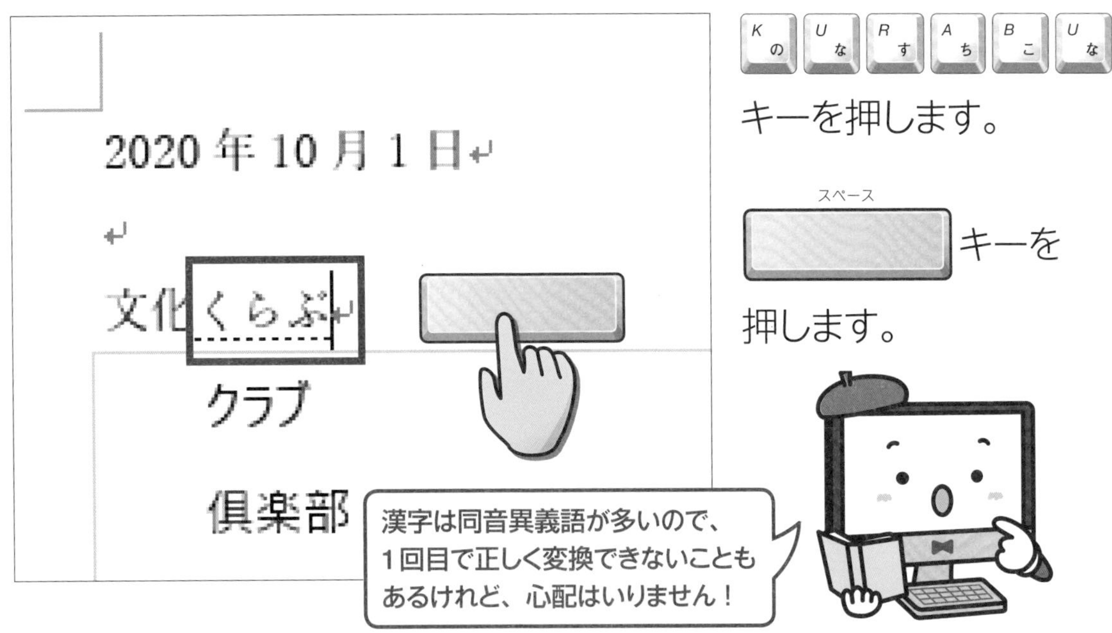

2020年10月1日
文化くらぶ
クラブ
倶楽部
漢字は同音異義語が多いので、
1回目で正しく変換できないことも
あるけれど、心配はいりません！

K U R A B U キーを押します。

スペース キーを押します。

3 文字が変換されます

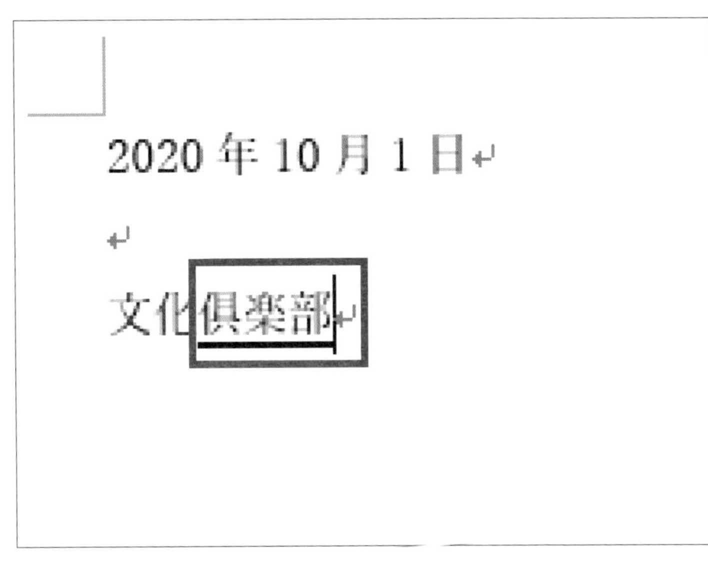

2020年10月1日
文化倶楽部

ここでは、「クラブ」と入力したいのですが、間違って「倶楽部」と変換されてしまいました。

次へ

4 別の変換候補から漢字を選びます

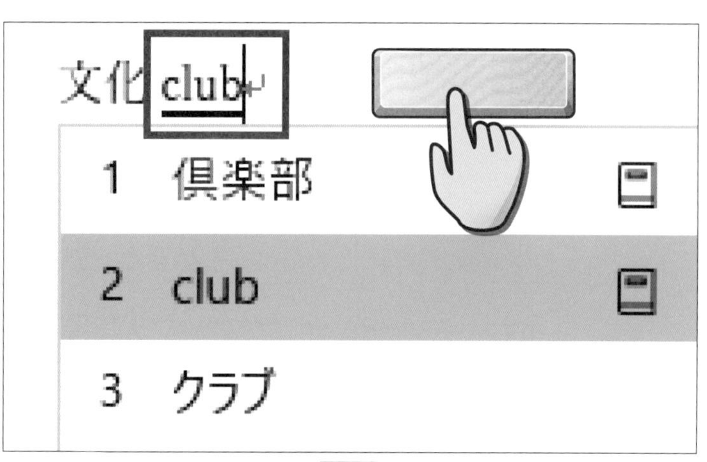

もう一度

スペース

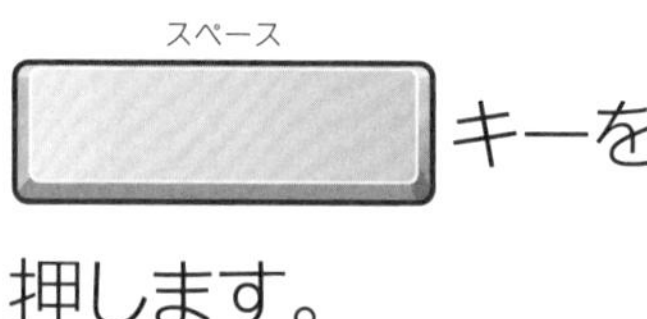

キーを押します。

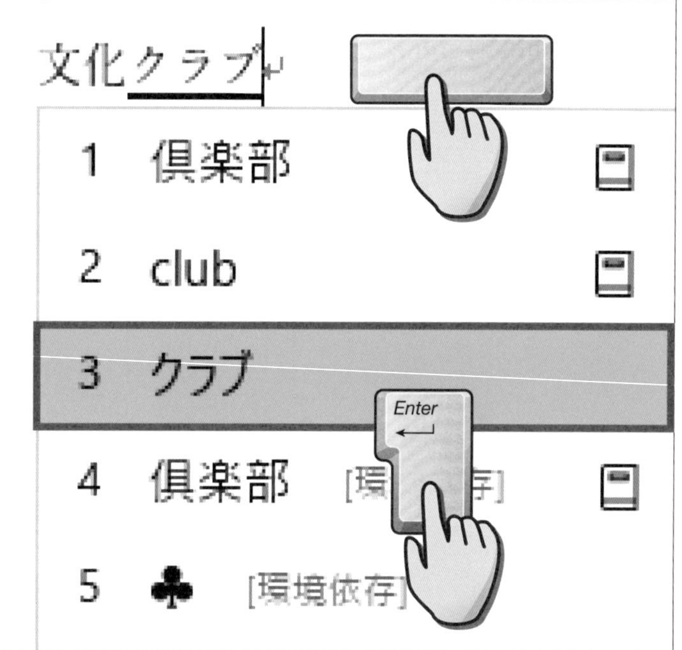

なんどか

スペース

キーを押して、変換候補を

クラブ

に移動します。

エンター

キーを押します。

文化クラブ

「クラブ」と入力できました。

5 宛先の続きを入力します

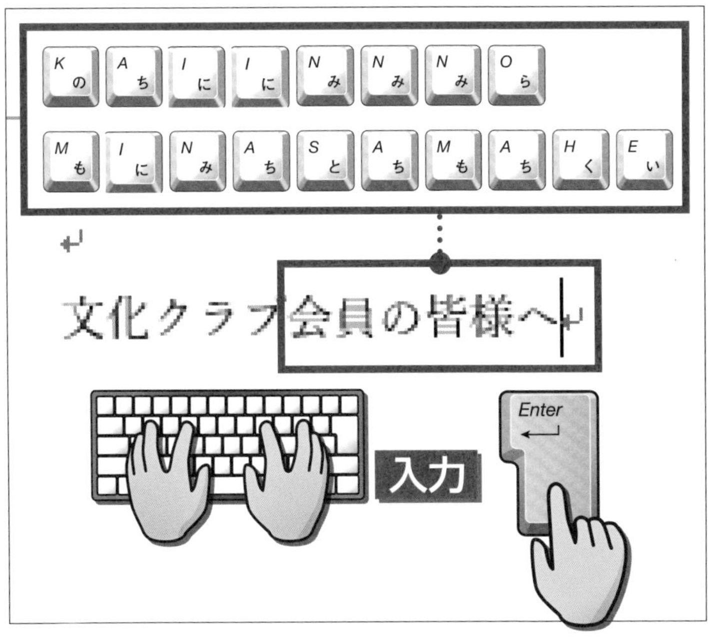

続きの内容を

入力します。

行の最後で、

文字カーソル

が点滅している

ことを確認します。

エンター

キーを押します。

6 改行されました

2020 年 10 月 1 日

文化クラブ会員の皆様へ

文字カーソル

が次の行の先頭に

移動します。

改行されました。

文字を間違えて入力したら、54ページの方法で修正しましょう！

差出人の名前を入力しよう

お知らせ文書に、差出人の名前を入力しましょう。
キーボードに表記されている「：」（コロン）の記号を入力する方法も覚えましょう。

操作

入力
▶P.016

1 差出人を入力します

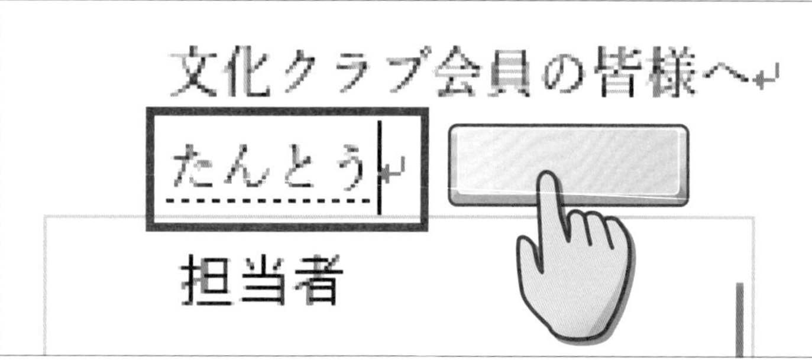

キーを押します。

スペース
キーを押して変換し、

エンター

キーを押します。

ポイント！

他の漢字が表示された場合は、48ページの方法で文字を変換して「担当」と入力します。

2 「:」を入力します

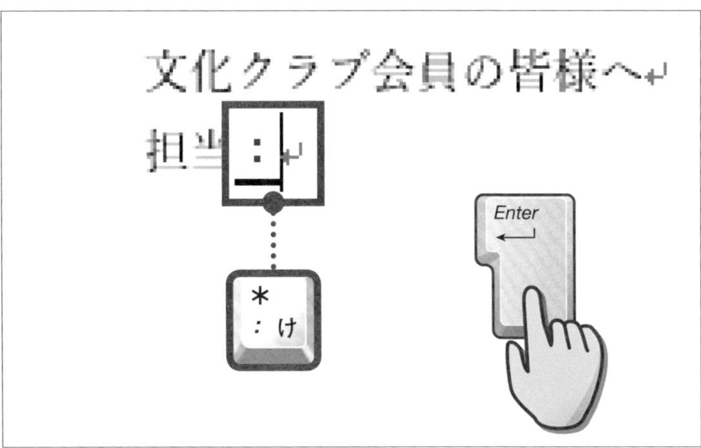

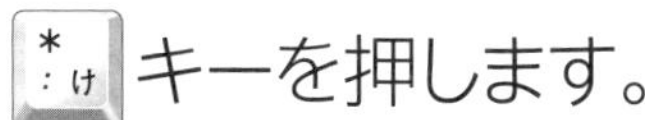キーを押します。

エンター

キーを押します。

ポイント！

「:」は「コロン」といいます。言葉と言葉を区切るときによく使う記号です。

続きの文字を

入力します。

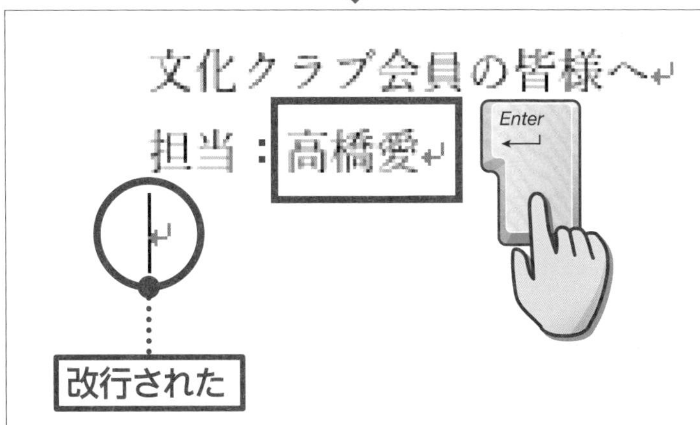

差出人が入力できました。

エンター

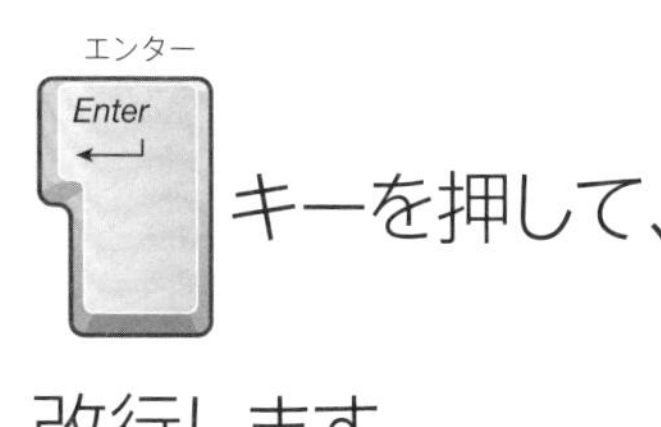キーを押して、

改行します。

メールアドレスを入力しよう

差出人のメールアドレスをアルファベットの半角文字で入力します。
ここでは、ひらがなモードから半角英数モードへの切り替え方法を学びましょう。

▶P.016

1 入力モードアイコンを切り替えます

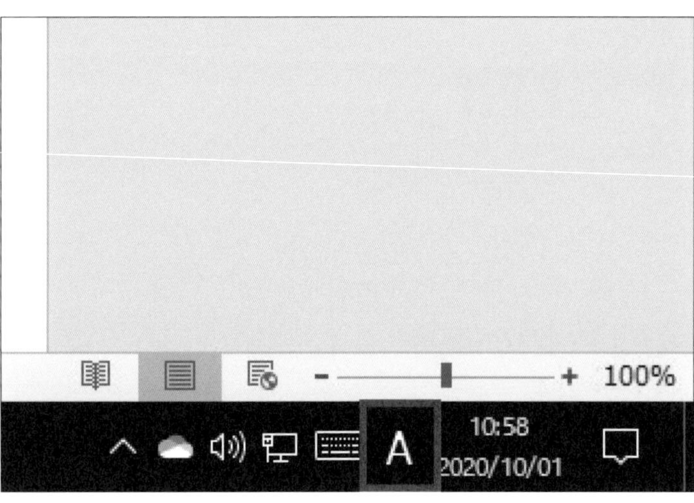

半角／全角

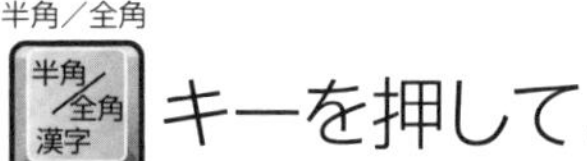

キーを押して、

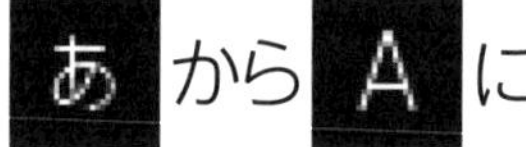

あ から A に切り替えます。

入力モードアイコンを切り替えるときは、半角/全角キーをゆっくり一度だけ押します。

2 メールアドレスを入力します

文化クラブ会員の皆様へ↵

担当：高橋愛↵

takahashi@example.com↵

メールアドレスを

入力します。

ポイント！

「@」は、Pの右側にある@キーを押して入力します。

文化クラブ会員の皆様へ↵

担当：高橋愛↵

takahashi@example.com↵

キーを押して、

改行します。

もう一度

キーを押します。

担当：高橋愛↵

takahashi@example.com↵

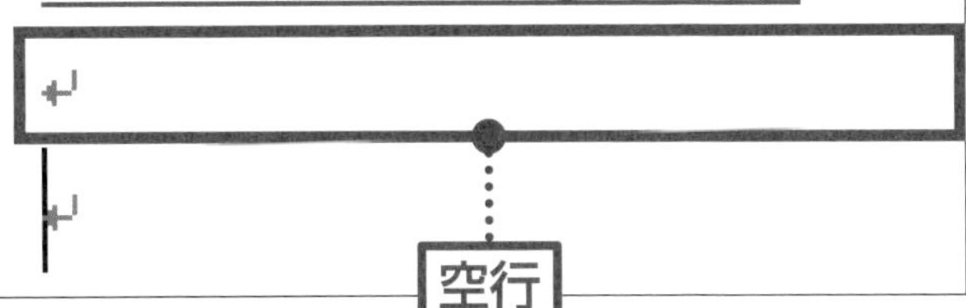

空行が入りました。

キーを押して、

A から あ に

切り替えます。

文字を削除して修正しよう

入力した文字を修正する方法を覚えましょう。
文字を間違えて入力したら、間違えた文字を消して別の文字を入力します。

1 文字カーソルを移動します

消したい文字の左側に カーソル を移動して、

左クリックします。

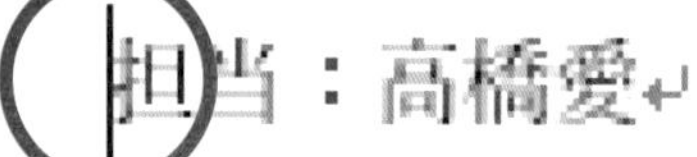

takahashi@example.com

文字カーソル が点滅します。

ポイント！

ここでは、「担当」を「事務局」に修正します。

2 文字を削除／修正します

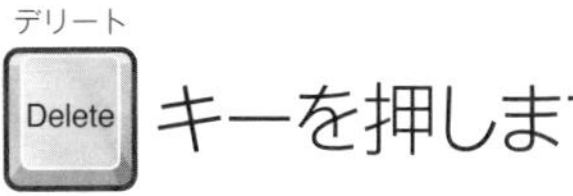

キーを押します。

文字カーソル │ の右側の文字が削除されます。

もう一度 デリート Delete キーを押して、文字を削除します。

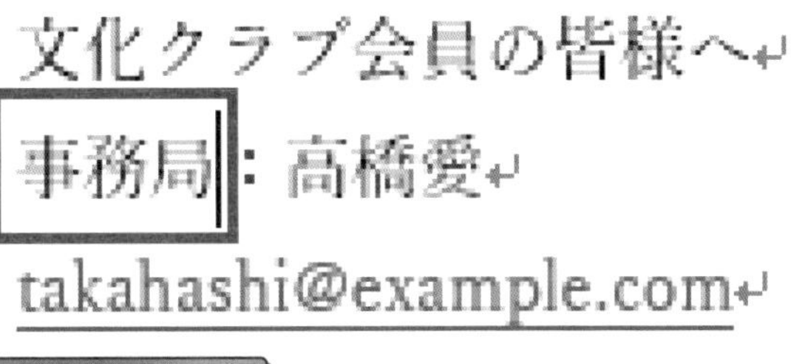

別の文字（ここでは「事務局」）を**入力**します。

文書を上書き保存しよう

文字に修正を加えたら、上書き保存をして、最新の状態を保存しておきます。
上書き保存をしないと、修正内容が失われてしまいます。

1 ファイルを保存します

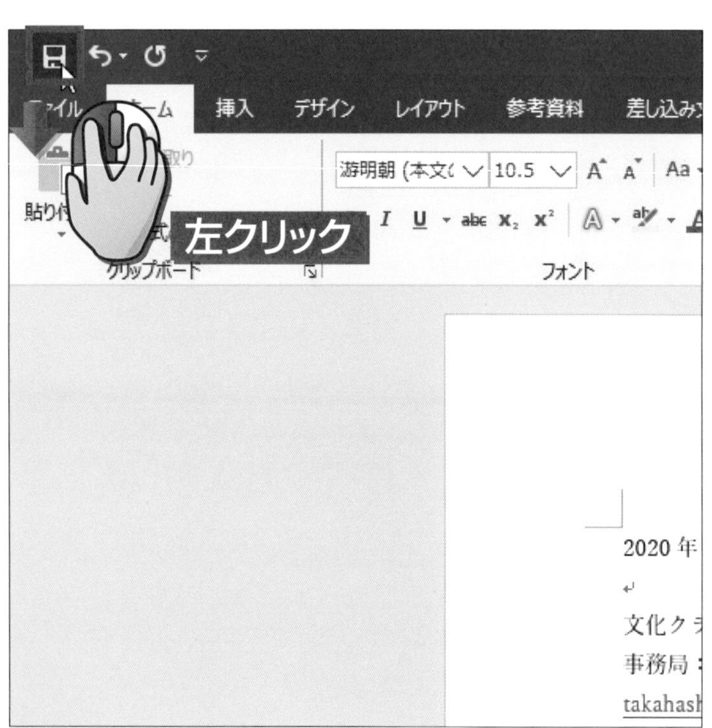

上書き保存

に

カーソル

を**移動**して、

左クリックします。

これで、
「演奏会のお知らせ」が
修正後のデータで
上書き保存されました。

2 ワードを終了します

閉じる ✕ に

カーソル を移動して、

左クリックします。

3 ワードが終了しました

ワードが終了しました。
デスクトップの画面が表示されます。

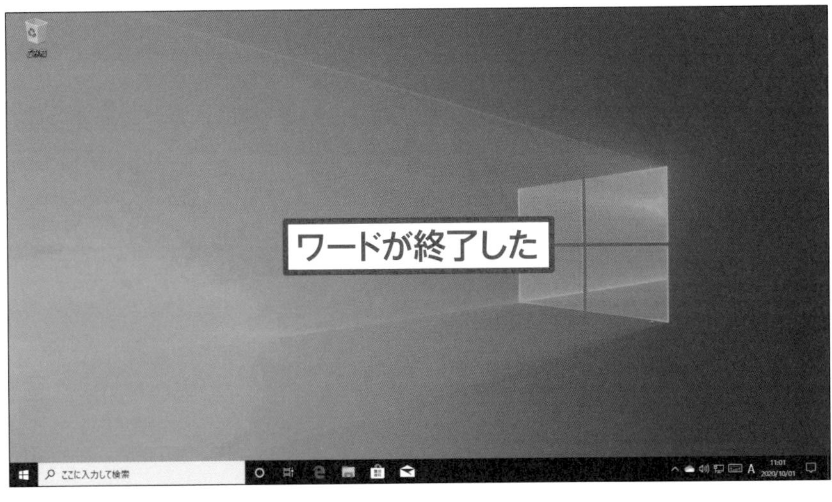

第2章　練習問題

1

日本語入力モード あ と英語入力モード A を切り替えるには、どのキーを押せばよいですか？

2

文字を変換するには、どのキーを押せばよいですか？

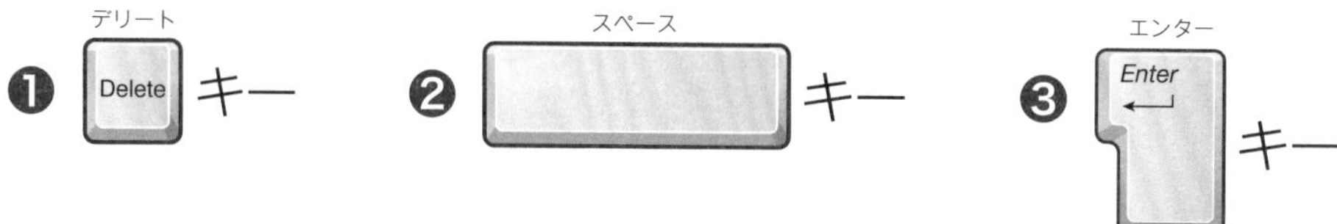

3

改行するには、どのキーを押せばよいですか？

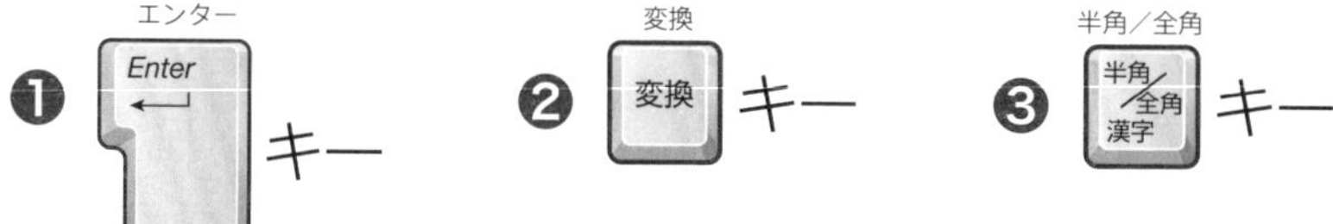

第3章

3 文書の内容を入力しよう

この章で学ぶこと

- 頭語に対する結語を自動で入力できますか?
- 句読点を入力できますか?
- ()を入力できますか?
- ※や〒などの記号を入力できますか?
- <>を入力できますか?

この章でやることを知っておこう

この章では、お知らせ文書の内容を入力します。
本文や別記事項の項目、補足事項などを入力します。

手順❶　本文を入力する

「拝啓」から始まる本文を入力します。
「拝啓」と入力すると、「敬具」の文字が**自動的に入力**されます。

2020年10月1日↵
↵
文化クラブ会員の皆様へ↵
事務局：高橋愛↵
takahashi@example.com↵

「拝啓」と入力すると…

秋の演奏会のお知らせ↵
↵
拝啓　秋冷の候、皆様にはますますご清祥のこととお慶び申し上げます。↵
さて、毎年恒例の「秋の演奏会」を今年も下記の通り開催することになりました。ぜひ、ご来場くださいますようお知らせいたします。↵
↵

「敬具」と自動的に入力される

手順❷　日時や場所を入力する

日時や場所を入力します。

「**記**」と入力すると、「**以上**」の文字が自動的に入力されます。

記↵

日時：１１月１７日（火）午後７時から↵

場所：文化クラブハウス　レストラン↵

会費：１万円（食事付）↵

↵

※参加ご希望の方は、＜１０月２０日＞までにお申し込みください。ご予約は先着順になります。↵

以上↵

↵

「記」と入力すると…

「以上」と自動的に入力される

手順❸　補足事項を入力する

「※」のあとに**補足事項**を入力します。

「※」や「＜」「＞」などの**記号**を入力する方法を知りましょう。

記↵

日時：１１月１７日（火）午後７時から↵

場所：文化クラブハウス　レストラン↵

会費：１万円（食事付）↵

↵

※参加ご希望の方は、＜１０月２０日＞までにお申し込みください。ご予約は先着順になります。↵

以上↵

↵

記号を入力する

タイトルを入力しよう

文書のタイトルを入力しましょう。
文字を入力する箇所に、文字カーソルを移動してから入力します。

1 入力の準備をします

34ページの方法で、「演奏会のお知らせ」文書を開いておきます。

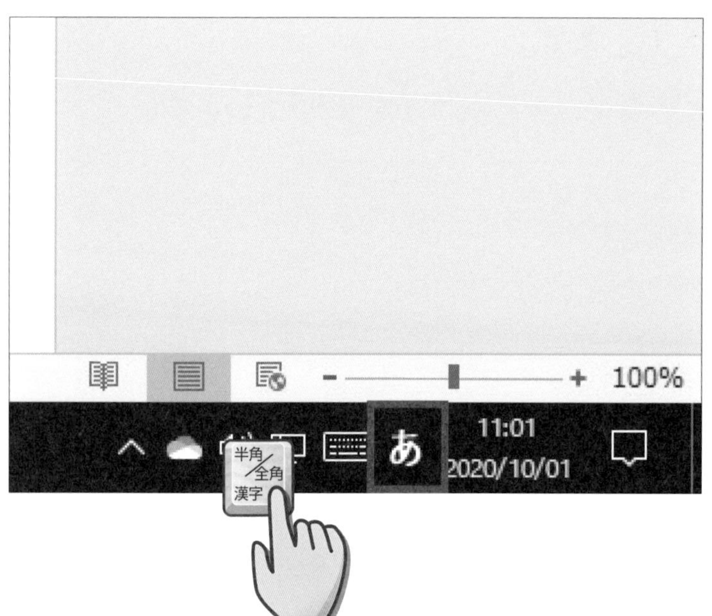

入力モードアイコンが

A になっている場合は、

半角／全角

キーを押して、

あ に切り替えます。

2 タイトルを入力します

事務局：高橋愛

takahashi@example.com

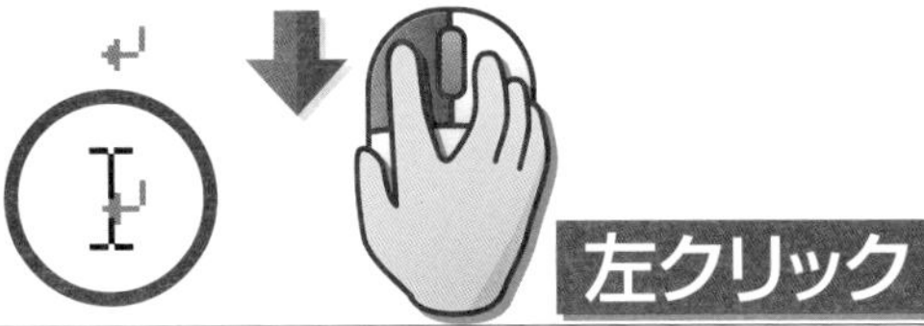

タイトルを

入力する場所に

カーソル

I を**移動**して、

事務局：高橋愛

takahashi@example.com

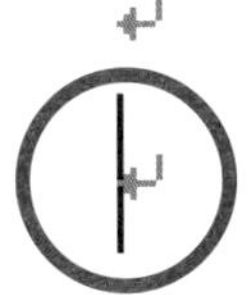

文字を

入力する場所に、

文字カーソル

| が表示されます。

事務局：高橋愛

takahashi@example.com

秋の演奏会のお知らせ

タイトルを

 **入力**します。

エンター

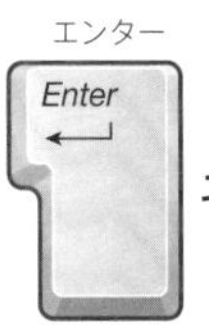

キーを2回押して、

空行を入れます。

本文の書き出しを入力しよう

お知らせ文書の本文を入力する前に、書き出しの頭語や結語を入力しましょう。ここでは、ワードの機能を利用して、「拝啓」「敬具」を入力します。

操作 

▶P.016

1 頭語を入力します

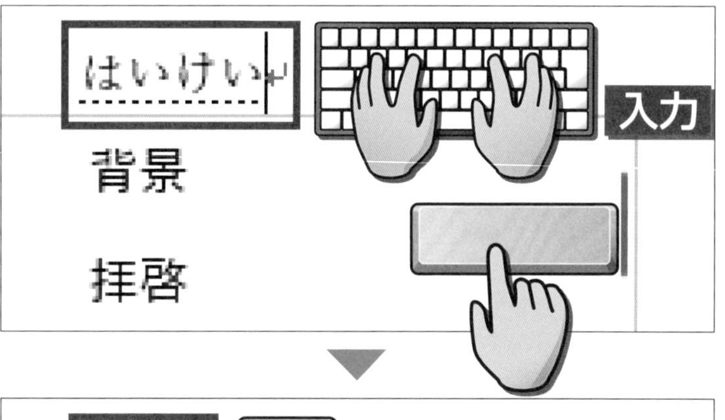

「はいけい」と入力し、スペースキーを押します。

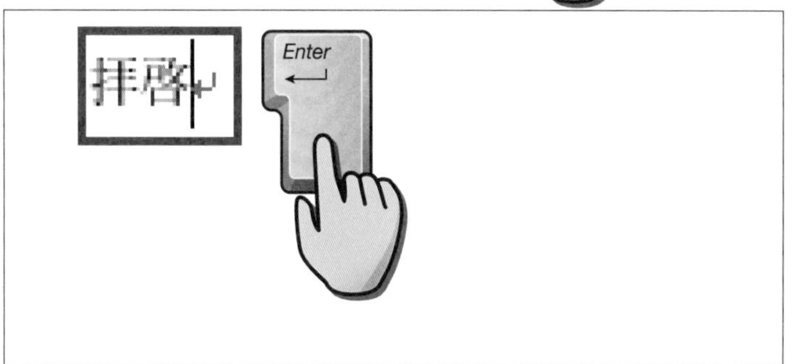

「拝啓」と変換されたら、エンターキーを押します。

2 結語が入力されます

スペース
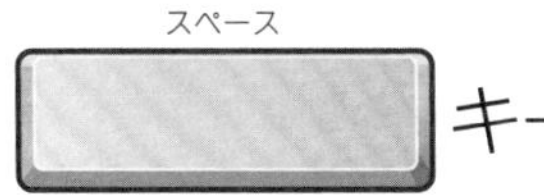
キーを押します。

「拝啓」の後ろに空白が入力され、右下に「敬具」の文字が入ります。

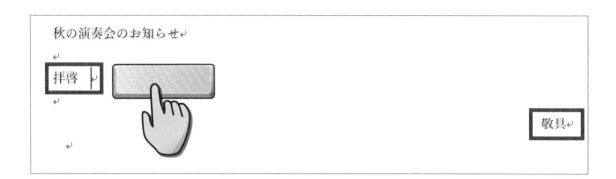

コラム スペースキーの２つの役割

文字を入力するときのスペースキーには、
変換と空白文字を入れるという２つの役割があります。

● **漢字の読みを入力したあとスペースキーを押すと、文字が変換されます。**

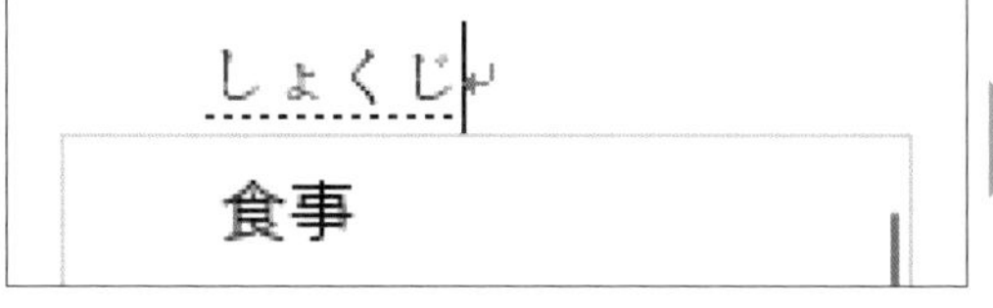

食事

● **文字が確定されているときスペースキーを押すと、空白文字が入ります。**

食事

空白文字

食事

本文を入力しよう

いよいよ、お知らせ文書の本文を入力しましょう。
あいさつ文やお知らせの内容を入力しながら、句読点の入力も学びます。

操作

▶P.016

1 あいさつ文を入力します

「しゅうれいのこう、」と入力し、スペースキーを押します。

正しく変換されたら、エンターキーを押します。

ポイント！

「、」は（ね）のキーを押して入力します。

2 続きを入力します

秋の演奏会のお知らせ

拝啓　秋冷の候、皆様には

入力

「みなさまには」と入力し、「皆様には」と変換します。

3 残りの本文を入力します

下の画面のように、残りの本文を入力します。

秋の演奏会のお知らせ

拝啓　秋冷の候、皆様にはますますご清祥のこととお慶び申し上げます。
さて、毎年恒例の「秋の演奏会」を今年も下記の通り開催することになりました。ぜひ、ご来場くださいますようお知らせいたします。

敬具

ポイント!

「。」は[る]（る）のキーを押して入力します。

別記事項を入力しよう

本文を書き終えたら、日時と場所を入力する準備をしましょう。
「記」「以上」は、自動的に補完されて入力できます。

操作

1 文字カーソルを移動します

一番下の ↵ に カーソル I を移動して、左クリックします。

文字カーソル | が最後の行に移動します。

秋の演奏会のお知らせ↵

↵

拝啓　秋冷の候、皆様にはますますご清祥のこととお慶び申し上げます。↵
さて、毎年恒例の「秋の演奏会」を今年も下記の通り開催することになりました。ぜひ、ご来場くださいますようお知らせいたします。↵

↵

敬具↵

2 「記」と入力します

「記」と  **入力**し、 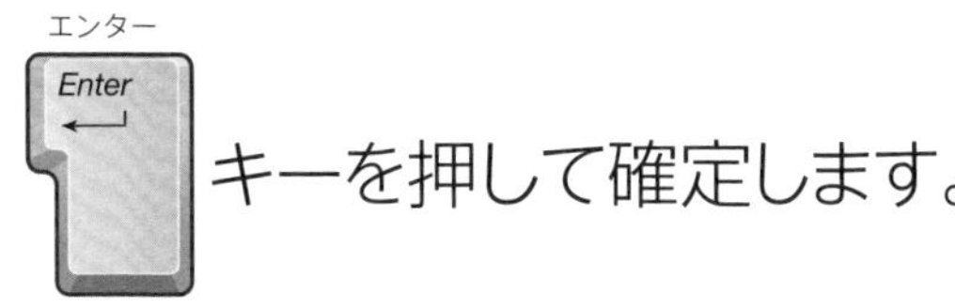 キーを押して確定します。

続いて、もう一度  キーを押します。

「記」が中央に配置され、右端に「以上」の文字が入ります。

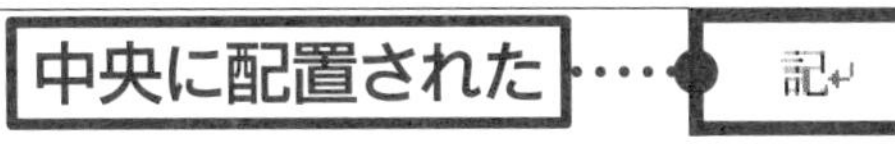

「以上」が自動入力された

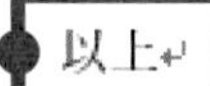

コラム 入力オートフォーマットのいろいろ

「拝啓」や「記」を入力すると、
自動的に結びの言葉が入力されます。
この機能を**入力オートフォーマット**といいます。
入力される言葉の組み合わせには、以下のものがあります。

入力する内容	自動的に入力される内容
拝啓 + (スペース) キー	「敬具」が自動的に入力される
記 + Enter (エンター) キー	「以上」が自動的に入力される
1. 文字 + Enter (エンター) キー	次の行の行頭に「2.」が入力される

日時／場所／会費を入力しよう

演奏会の日時や場所、会費を入力します。
「(」や「)」の入力方法も学びましょう。

操作 

▶P.016

1 日時を入力します

拝啓　秋冷の候、皆様にはますますご清祥のこと
さて、毎年恒例の「秋の演奏会」を今年も下記の
来場くださいま　　　　　　　　　　します。
入力
記
日時：１１月１７日（火）午後７時から
Shift
Shift
(ゆ 8 ゆ
) よ 9 よ

左のように「日時」を  入力します。

ポイント!

「(」は Shift キーを押しながら (ゆ)のキーを、「)」は Shift キーを押しながら (よ)のキーを押して、入力します。

2 場所を入力します

さて、毎年恒例の「秋の演奏会」を今年も下記の
来場くださいますようお知らせいたし

日時：１１月１７日（火）午後７時から
場所：文化クラブハウス　レストラン

エンター

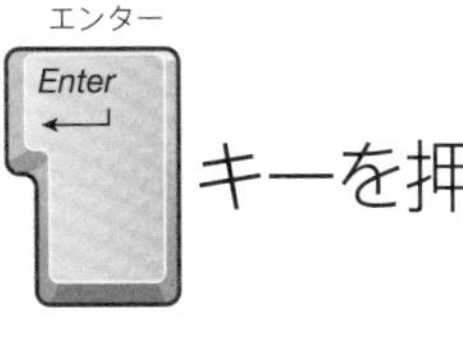

キーを押して、

改行します。

左のように「場所」を

入力します。

3 会費を入力します

さて、毎年恒例の「秋の演奏会」を今年も下記の
来場くださいますようお知らせいたします。

日時：１１月１７日（火）午後７時から
場所：文化クラブハウス　レストラン
会費：１万円（食事付）

エンター

キーを押して、

改行します。

左のように「会費」を

入力します。

記号を入力しよう

文章の先頭に記号を入力して目立たせます。ここでは、「※」（こめ）を入力します。記号は読みを入力し、変換することで入力できます。

操作

▶P.016

1 空行を入れます

エンター キーを２回押して、空行を入れます。

2 「こめ」と入力します

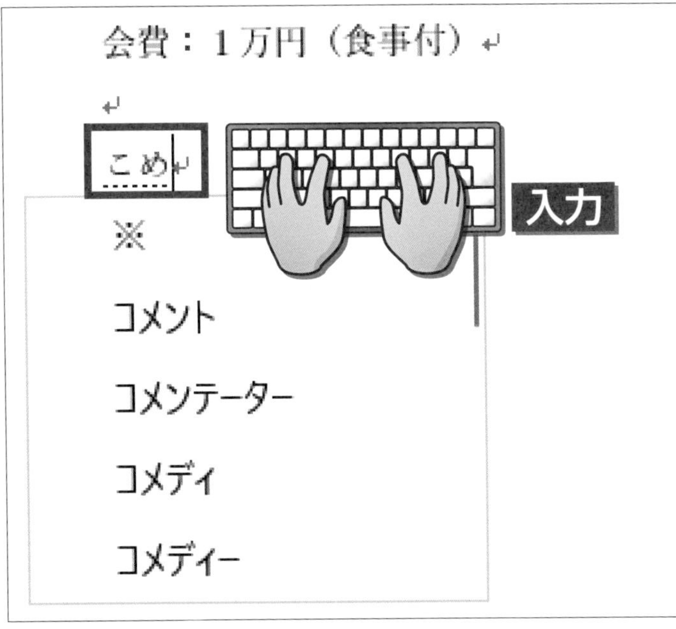

「こめ」と

入力します。

3 変換します

日時：１１月１７日（日）午後７時から
場所：文化クラブハウス　レストラン
会費：１万円（食事付）

米

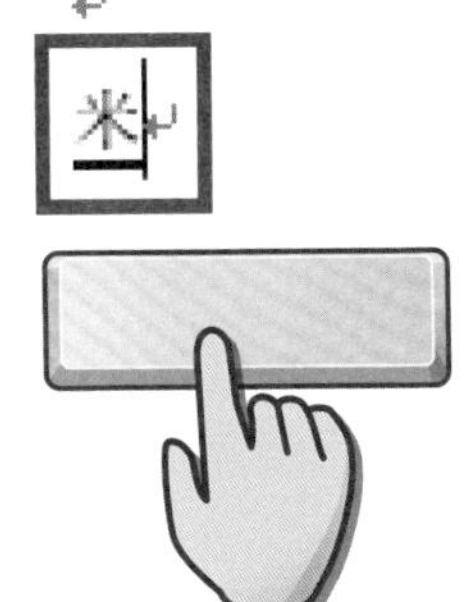

スペース

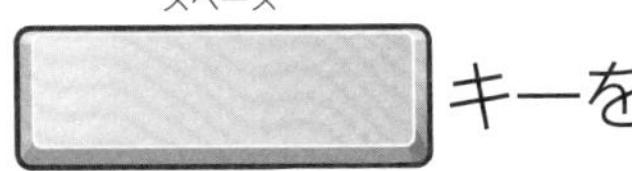

キーを押します。

ここでは、「※」と入力したいのですが、間違って「米」と変換されてしまいました。

4 「※」に変換します

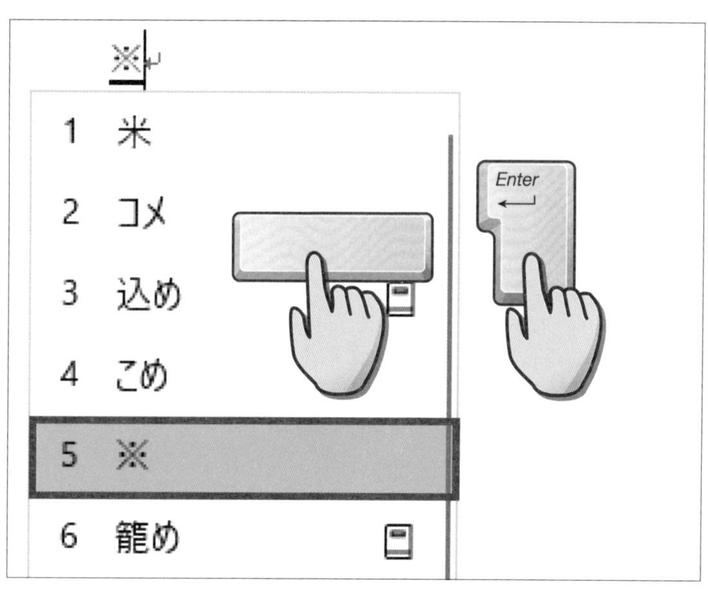

「※」と表示されるまで、

スペース
キーを

数回押します。

「※」が選ばれたら、

エンター

キーを押します。

場所：文化クラブハウス　レストラン

会費：１万円（食事付）

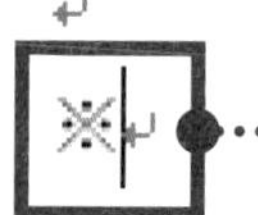

「※」の記号を入力できた

「※」の記号が

入力されました。

場所：文化クラ　　　　　ラン

会費：１万円（食

入力

※参加ご希望の方は、

左の画面のように、

補足事項を

**入力**します。

コラム 記号の入力について

キーボードのキーの表面に表示されていない**記号を入力**するには、記号の**「読み」を入力**して「スペース」キーを押して**変換**します。

❶ 記号の読みを入力する

キーボードから記号の読みを

入力します。

❷ 記号に変換する

スペース

キーを押して

記号に**変換**し、確定します。

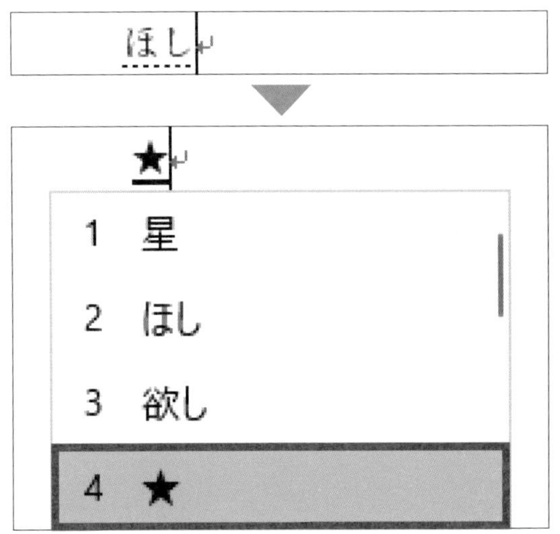

よく使う**記号の読み方**を覚えておきましょう。「まる」や「かっこ」などは、同じ読み方でもいくつかの**異なる記号**に変換できます。次の表を参照してください。

読み	入力できる記号の例
まる	○　●　◎　①　②　③
ゆうびん	〒
かっこ	【】　（）　「」　『』　《》　＜＞　［］　｛｝
やじるし	↑　↓　→　←　⇔

補足事項を入力しよう

お知らせ文書の補足事項を入力しましょう。「※」記号のあとに内容を入力します。また、< >の入力方法を学びましょう。

1 < >を入力します

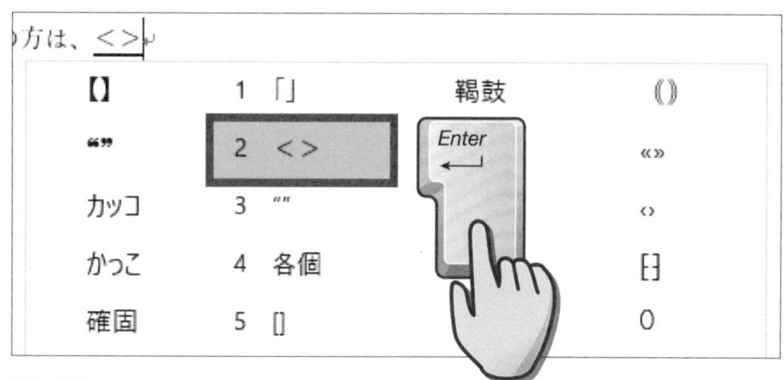

「かっこ」と入力します。

スペース

キーを押して、変換候補を選択します。

「<>」が選ばれたら、

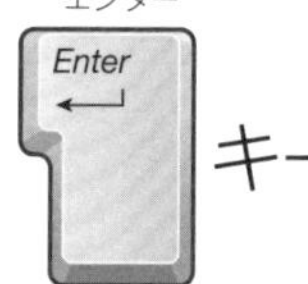

エンター

キーを押します。

2 続きの文字を入力します

続きの文字を入力します。

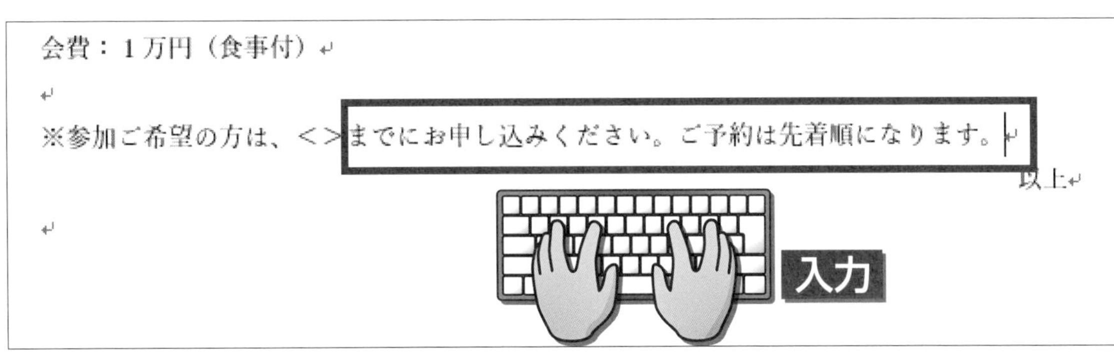

会費：１万円（食事付）
※参加ご希望の方は、＜＞までにお申し込みください。ご予約は先着順になります。
以上
入力

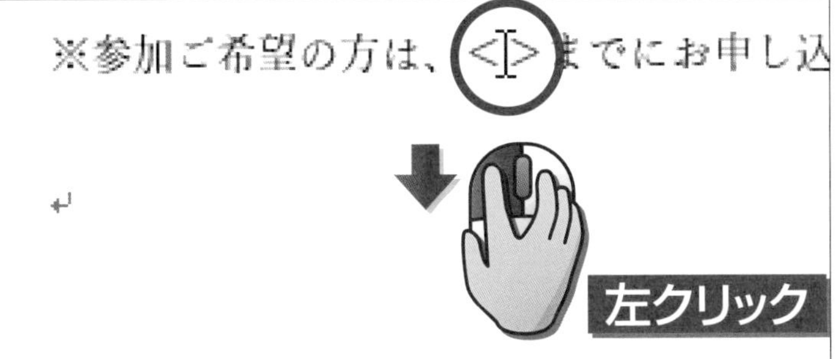

「＜」と「＞」の間に

カーソル を移動して、

左のように文字を

ポイント！

56ページの方法で上書き保存し、ワードを終了します。

第3章　練習問題

1 文字を入力する箇所に表示されるカーソルはどれですか?

❶ |

❷

❸ I

2 文字を入力するときのスペースキーの2つの役割はどれですか?

❶ 入力モードの切り替えと空白文字を入れること
❷ 改行と空白文字を入れること
❸ 文字の変換と空白文字を入れること

3 「記」と入力して「エンター」キーを押すと、自動で入力される文字はどれですか?

❶ 敬具
❷ 草々
❸ 以上

第4章

4 文字に飾りをつけよう

この章で学ぶこと

- 文字を選択できますか?
- 文字の形や大きさを変更できますか?
- 文字の色を変更できますか?
- 文字を太字にできますか?
- 文字に下線をつけられますか?

この章でやることを知っておこう

この章では、文字に飾りをつける方法を紹介します。
飾りは、対象の文字を選択したあとに指定します。

文字に飾りをつける

文字は次の手順で**飾りをつける**ことができます。

❶ 文字を選択する

集合時間は朝９時です。……文字を選択する

❷ 飾りを選択する

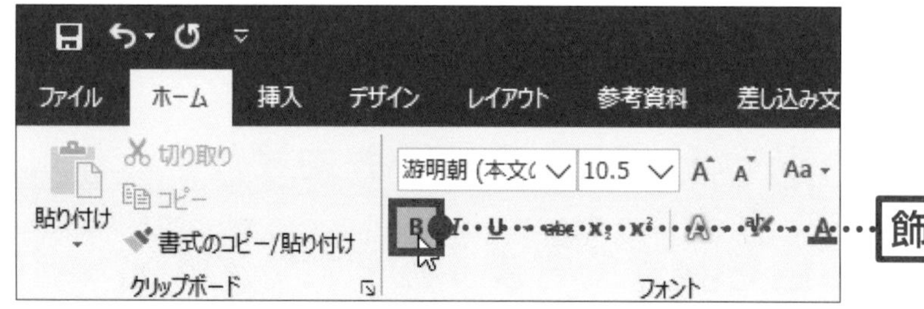

❸ 文字に飾りがつく

集合時間は**朝９時**です。……文字に飾り（太字）がついた

いろいろな文字の飾り

文字の飾りには、以下のようにいろいろな種類があります。
複数の飾りを**組み合わせて使う**こともできます。

元の文字

集合時間は朝 9 時です。

色を変更した

集合時間は朝 9 時です。

文字の形を変更した

集合時間は朝 9 時です。

太字にした

集合時間は**朝 9 時**です。

大きさを変更した

集合時間は朝 9 時です。

下線をつけた

集合時間は朝 9 時です。

文字の飾りをつける時は、上の種類を組み合わせて太字にして色を変更することもできるよ！

文字の形を変えよう

文字の形を変えると、文字の印象が変わります。
本文に適した文字やタイトルに適した文字など、形を使い分けましょう。

操作

1 文書を開きます

2020年10月1日
文化クラブ会員の皆様へ
事務局：高橋愛
takahashi@example.com
秋の演奏会のお知らせ
拝啓　秋冷の候、皆様にはますますご清祥のこととお慶び申し上げます。
さて、毎年恒例の「秋の演奏会」を今年も下記の通り開催することになりました。ぜひ、ご来場くださいますようお知らせいたします。
敬具
記

34ページの方法で、「演奏会のお知らせ」の文書を開きます。

ホーム を

左クリックします。

2 文字を選択します

形を変えたい
文字の上を

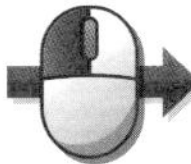ドラッグして、

選択します。

ポイント！

ここでは「秋の演奏会のお知らせ」を選択しています。

3 文字の形の一覧を表示します

游明朝 (本文(∨（フォント）の

右側の ∨ を

左クリックします。

次へ >>>

4 文字の形を探します

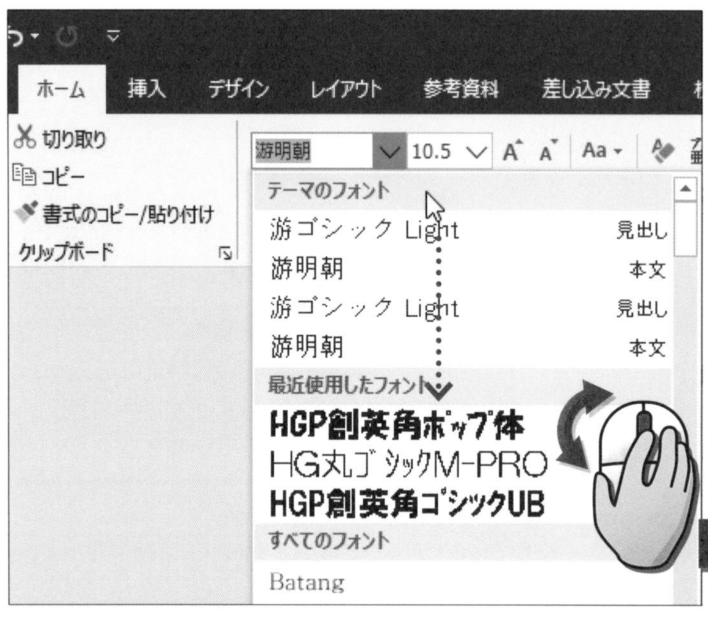

マウスのホイールを

使いたい文字の形を探します。

5 文字の形を選びます

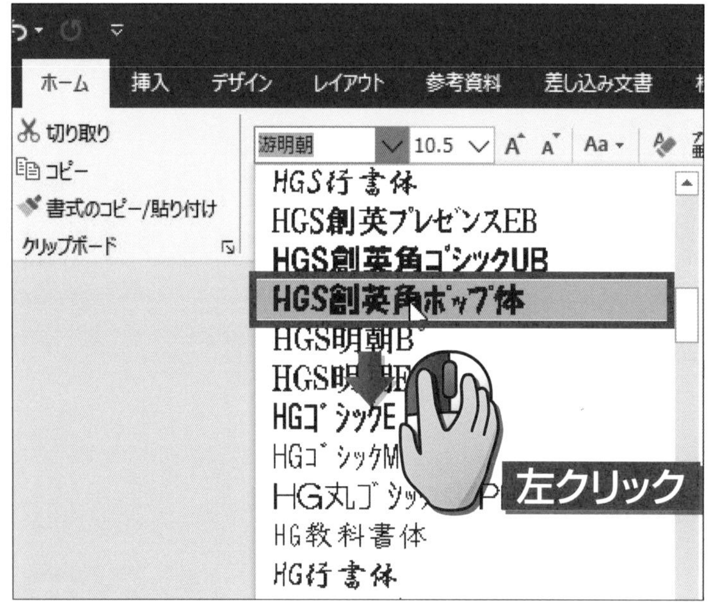

使いたい文字の形を

ポイント!

ここでは、「HGS創英角ポップ体」を選択しています。

6 文字の選択を解除します

事務局：高橋愛↵

takahashi@example.com↵

↵

秋の演奏会のお知らせ↵

拝啓　秋冷の候、皆様にはます

さて、毎年恒例の「秋の演奏会

左クリック

選択した行とは別の場所に カーソル を移動して、

左クリックします。

7 文字の形が変更されました

事務局：高橋愛↵

takahashi@example.com↵

↵

秋の演奏会のお知らせ↵

↵

文字の形が変わった

拝啓　秋冷の候、皆様にはます

さて、毎年恒例の「秋の演奏会

文字の選択が解除されました。

選択した文字の形が変わったことが確認できます。

文字の大きさを変えよう

文字の大きさは、自由に変えることができます。
お知らせ文書のタイトルが目立つように、大きくしてみましょう。

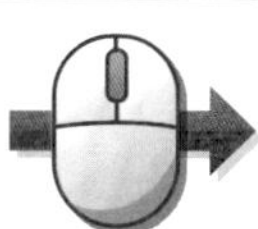

移動 ▶P.012

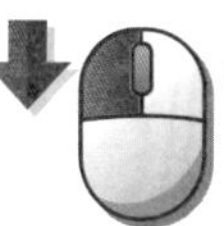

左クリック ▶P.013

ドラッグ ▶P.015

1 文字を選択します

大きさを変えたい
文字の左側を

左クリックします。

文字の上を

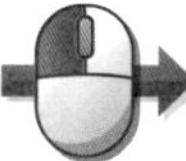

ドラッグして、
選択します。

2 文字の大きさを選びます

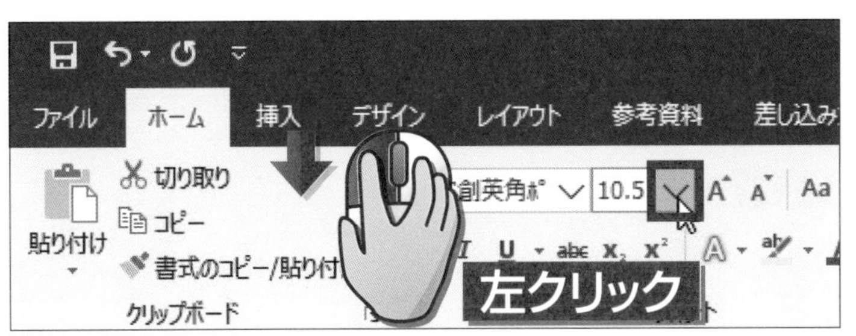

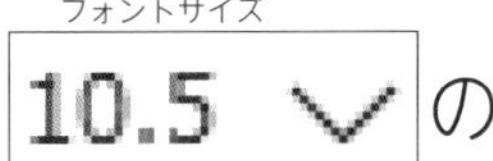

の

右側の を

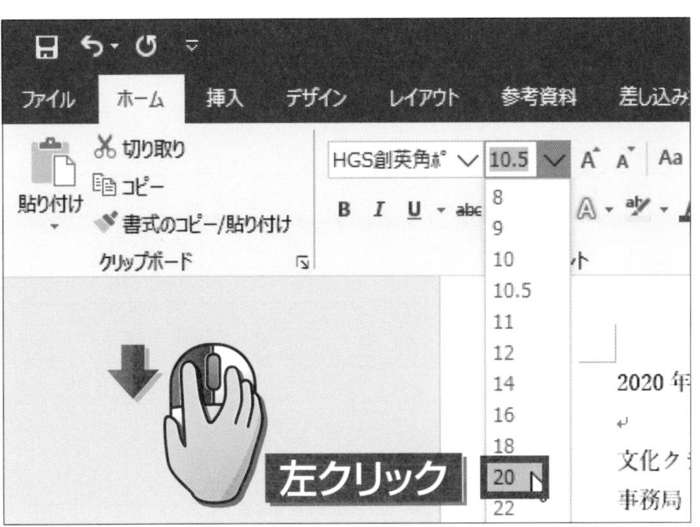

変更したい大きさに

カーソル を移動して、

左クリックします。

ポイント！

ここでは、通常のサイズ「10.5」から、「20」に変更しています。

選択した文字の大きさが変わりました。

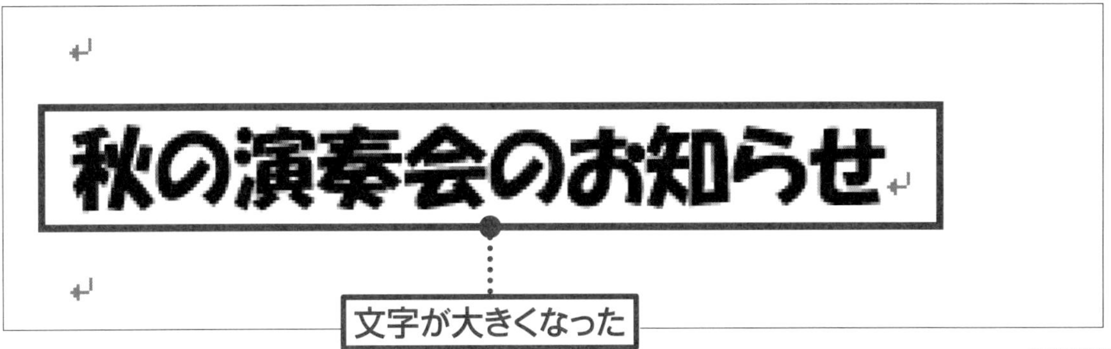

文字の色を変えよう

文字の色は通常の黒から別の色に変えることができます。
お知らせ文書のタイトルが目立つように色をつけてみましょう。

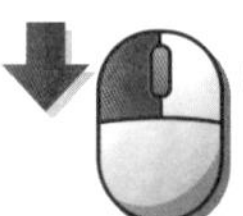

左クリック ▶P.013

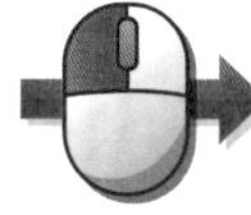

ドラッグ ▶P.015

1 文字を選択します

秋の演奏会のお知らせ

拝啓　秋　　候　左クリック　ますますご清祥

色を変えたい
文字の左側を
左クリックします。

秋の演奏会のお知らせ

拝啓　秋　　皆様にはますますご清祥のご

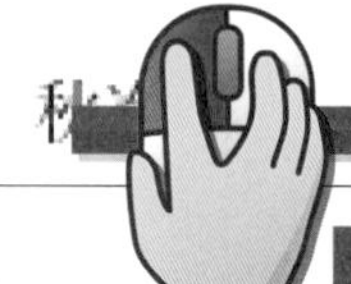

文字の上を
ドラッグして、
選択します。

2 文字の色を選びます

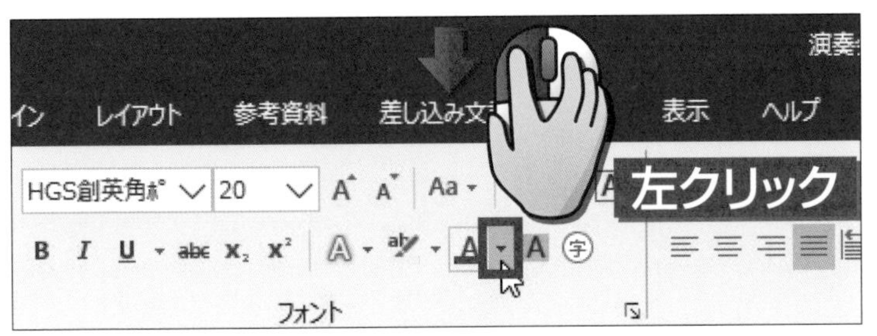

フォントの色

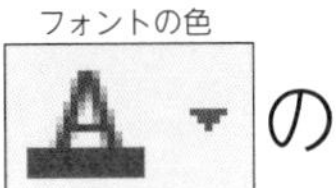

の

右側の  を

左クリックします。

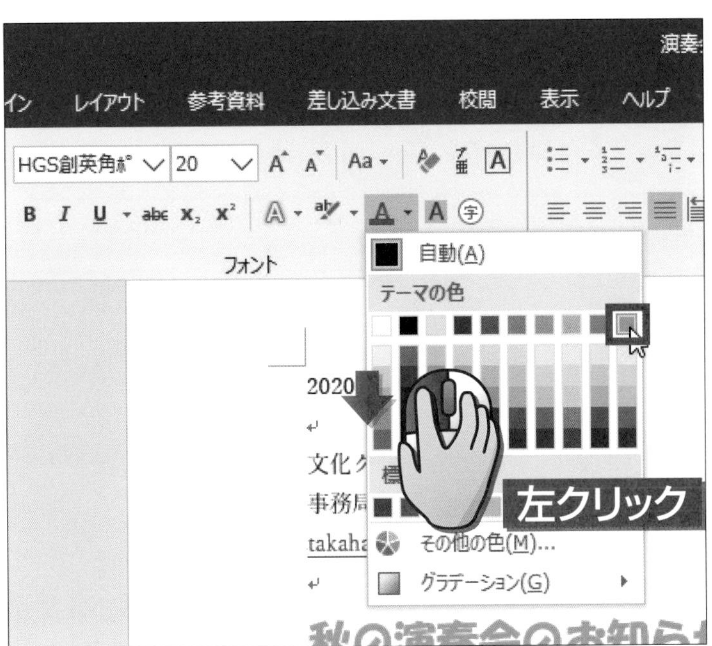

色の一覧が
表示されます。
つけたい色を

左クリックします。

ここでは、「緑、アクセント6」を選んでいます。

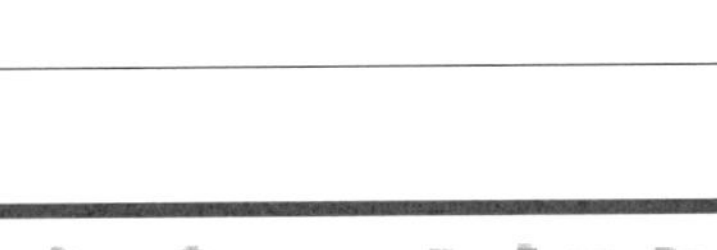

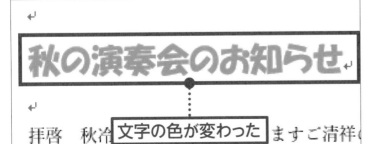

選択した文字の色が
変わりました。

文字を太字にしよう

文字には、さまざまな飾りをつけることができます。
文字を強調するため、ここでは文字を太字にします。

移動 ▶P.012

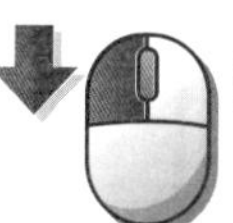
左クリック ▶P.013

ドラッグ ▶P.015

1 文字を選択します

※参加ご希望の方は、＜１０月２０日＞まで
ます。

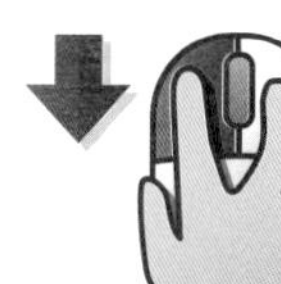

太字にする文字（ここでは「＜10月20日＞」）の左側を  **左クリック**します。

※参加ご希望の方は、＜１０月２０日＞まで
ます。

文字の上を  **ドラッグ**して、選択します。

2 文字を太字にします

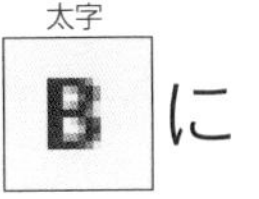
太字 に

カーソル を**移動**して、

左クリックします。

3 文字が太字になりました

日時：１１月１７日（火）午後７時から
場所：文化クラブハウス　レストラン
会費：１万円（食事付）

※参加ご希望の方は、**＜１０月２０日＞**まで
ます。

文字が太字になった

選択した文字が
太字になりました。

ポイント！

太字の文字を選択して、B ボタンをもう一度左クリックすると、太字が解除されます。

文字に下線をつけよう

文字を強調するため、ここでは文字に下線をつけます。
下線をつける文字を選択して、飾りを選びます。

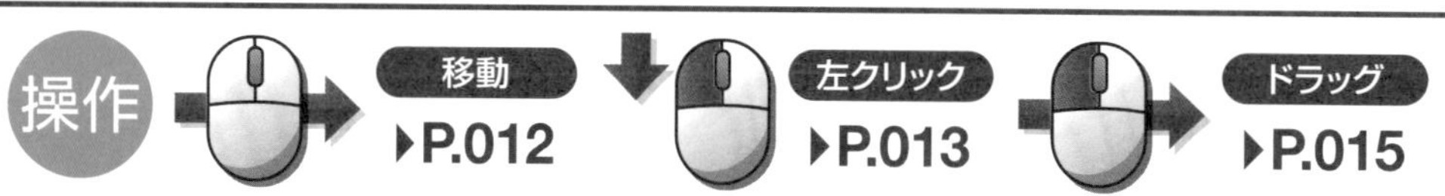

1 文字を選択します

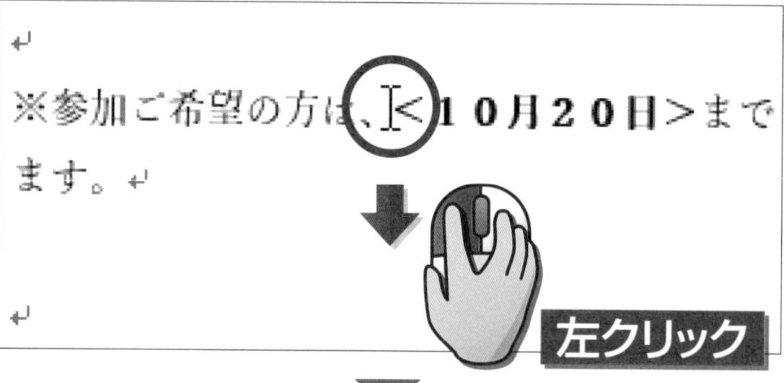

下線をつける
文字の左側を

文字の上を

選択します。

2 文字に下線をつけます

下線

に

カーソル を移動して、

左クリックします。

ポイント!

下線がついた文字を選択して、U ボタンをもう一度左クリックすると、下線が解除されます。

3 文字に下線がつきました

日時：１１月１７日（火）午後７時から
場所：文化クラブハウス　レストラン
会費：１万円（食事付）

※参加ご希望の方は、<u>＜１０月２０日＞</u>までにご連絡をお願い申し上げます。

文字に下線がついた

選択した文字に
下線がつきました

ポイント!

56ページの方法で上書き保存し、ワードを終了します。

第4章　練習問題

1 文字に飾りをつけるときの手順は次のうちどれですか?

❶ 文字をドラッグ選択してから飾りを選ぶ
❷ 飾りを選んでから文字をドラッグして選択する
❸ 文字を左クリックしてから飾りを選ぶ

2 文字の形を変更するとき、左クリックするところはどれですか?

❶ 10.5 ∨ の ∨
❷ 游明朝 (本文(∨ の ∨
❸ U

3 文字を太字にするときに、左クリックするボタンはどれですか?

❶ B　❷ U　❸ I

第5章

5 文書のレイアウトを整えよう

この章で学ぶこと

- 文章を行の右端に配置できますか?
- 文章を行の中央に配置できますか?
- 行全体に下線を表示できますか?
- 行頭位置を変更できますか?
- 箇条書きが作れますか?

この章でやることを知っておこう

この章では、文章の配置を変える方法を紹介します。
また、完成した文書を印刷します。

文章の配置を整える

文書全体の**配置を整えて**、お知らせ文書を完成させましょう。
日付や差出人を**右に揃え**、タイトルを**中央に揃え**ます。
また、日時や場所には、**箇条書き**のスタイルを設定します。

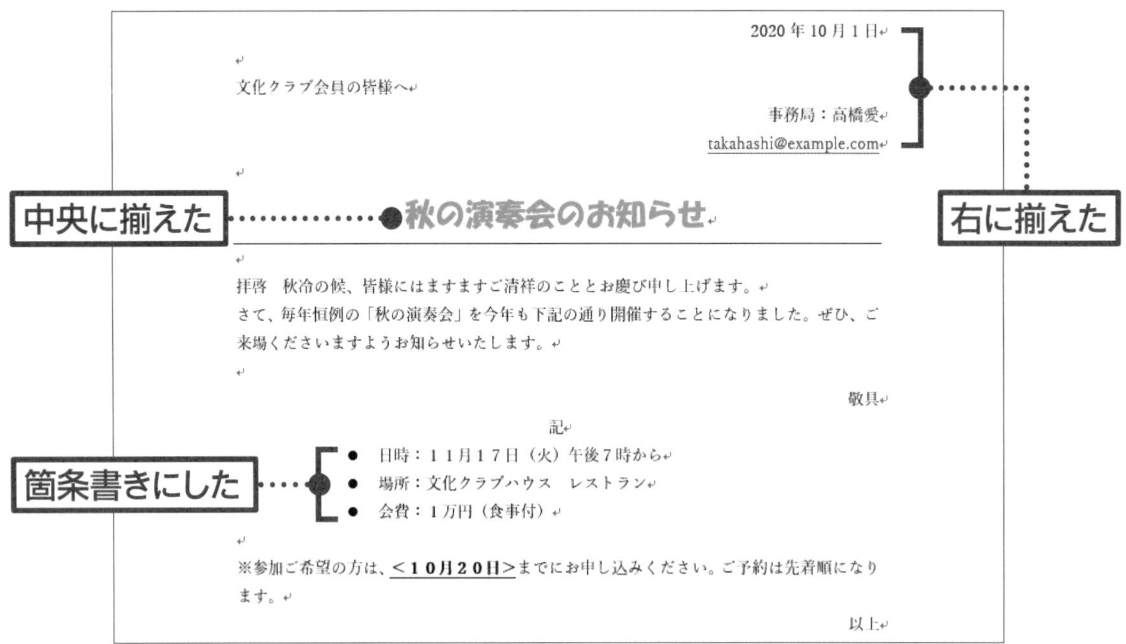

2020 年 10 月 1 日

文化クラブ会員の皆様へ

事務局：高橋愛
takahashi@example.com

秋の演奏会のお知らせ

拝啓　秋冷の候、皆様にはますますご清祥のこととお慶び申し上げます。
さて、毎年恒例の「秋の演奏会」を今年も下記の通り開催することになりました。ぜひ、ご来場くださいますようお知らせいたします。

敬具

記

- 日時：１１月１７日（火）午後７時から
- 場所：文化クラブハウス　レストラン
- 会費：１万円（食事付）

※参加ご希望の方は、＜１０月２０日＞までにお申し込みください。ご予約は先着順になります。

以上

文章の配置を変更する手順

文章の配置は、文章ごとに設定できます。
設定は次の手順で行います。

❶ 配置を変える文章に文字カーソルを移動する
配置を変えたい文章を左クリックします。

❷ 文章を揃える位置を指定する
文章の位置を選びます（右揃え、中央揃えなど）。

❸ 文章の配置が変わる
文章の配置が変わります。

文章をすべて入力したあとに、文章の配置を整えるのがワードのやり方です！

文書を印刷する

完成した文書の印刷イメージを表示して、印刷します。

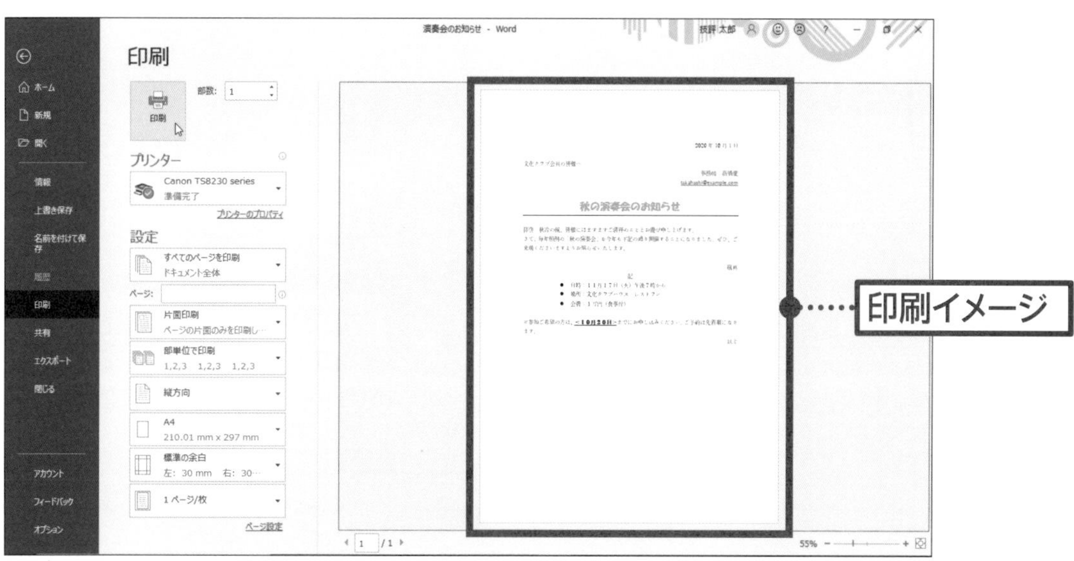

文章を中央／右に揃えよう

今までに入力した文章の配置を整えましょう。
タイトルを中央に、日付や差出人を右側に揃えます。

1 日付の行を選択します

34ページの方法で、「演奏会のお知らせ」の文書を開きます。

配置を変えたい行に

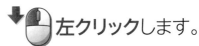

カーソル

I を**移動**して、

**左クリック**します。

ポイント！

ここでは「日付」の行で左クリックしています。

2 日付を右に揃えます

を

左クリックします。

右揃え

を

左クリックします。

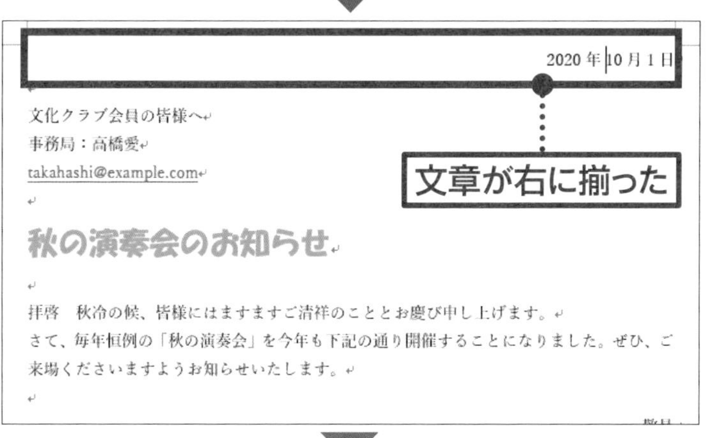

2020年10月1日

文化クラブ会員の皆様へ
事務局：高橋愛
takahashi@example.com

秋の演奏会のお知らせ

拝啓　秋冷の候、皆様にはますますご清祥のこととお慶び申し上げます。
さて、毎年恒例の「秋の演奏会」を今年も下記の通り開催することになりました。ぜひ、ご来場くださいますようお知らせいたします。

「日付」の行が、
右に揃えられました。

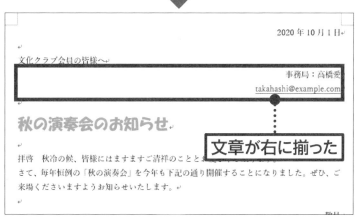

同様の方法で、
「差出人」と
「メールアドレス」の行を
右に揃えます。

3 タイトルの行を選択します

中央に揃えたい文章を

左クリックします。

ポイント！

ここでは、「秋の演奏会のお知らせ」の行で左クリックします。

4 タイトルを中央に揃えます

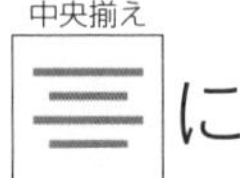

に

カーソル

を移動して、

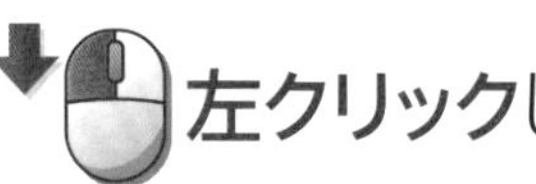

左クリックします。

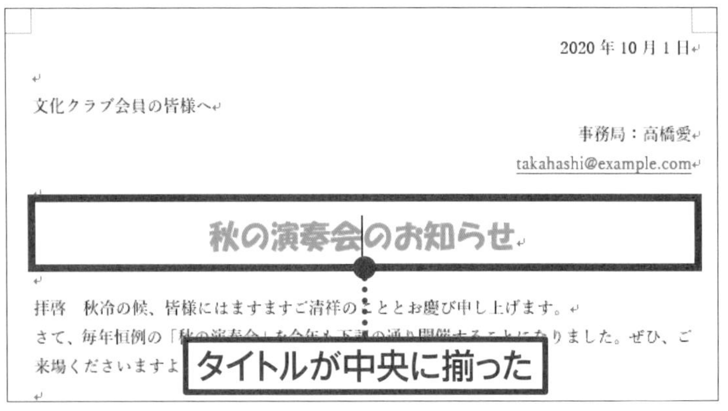

「タイトル」の行が中央に揃いました。

コラム 配置を元に戻したいときは?

文章の配置を元に戻したいときは、

配置を戻したい文章を**左クリック**して、両端揃え を**左クリック**します。

すると、行の左端から文章を入力できるようになります。

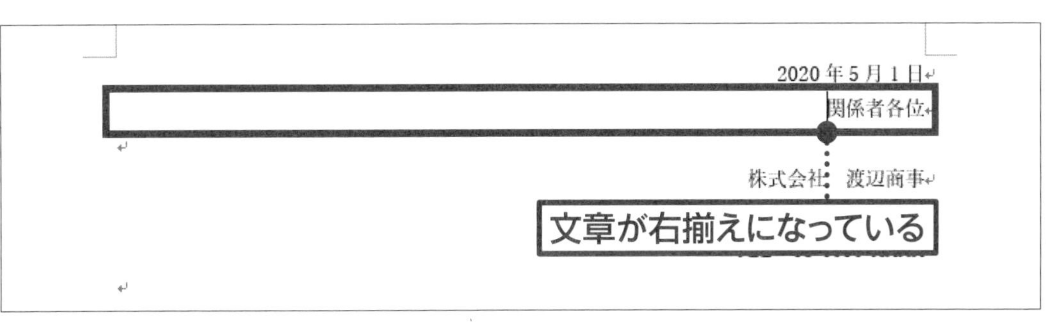

2020 年 5 月 1 日
関係者各位
株式会社　渡辺商事
文章が右揃えになっている

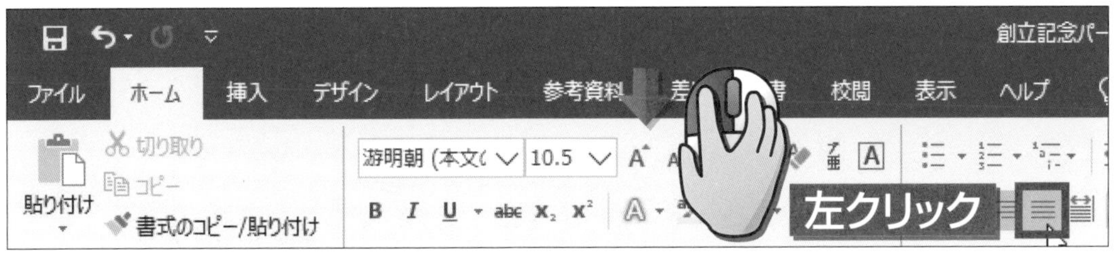

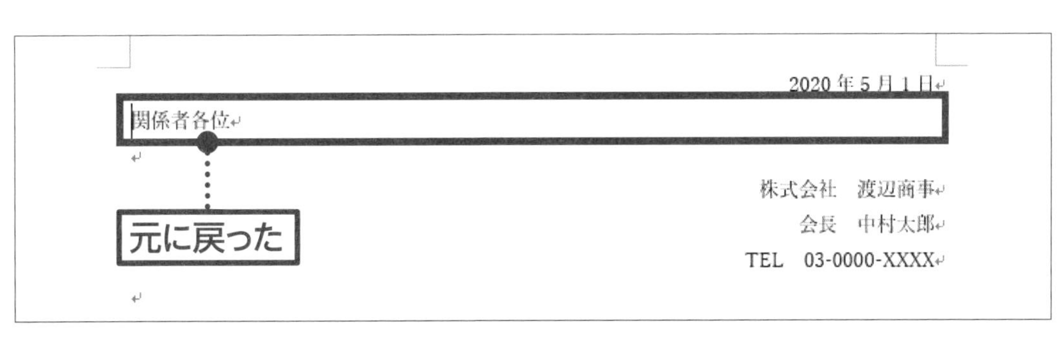

行全体に下線を引こう

タイトルの下に線を引いて目立たせましょう。
線を引く場所は、ドラッグして選択します。

1 文章を選択します

2020 年 10 月 1 日

文化クラブ会員の皆様へ

事務局：高橋愛
takahashi@example.com

秋の演奏会のお知らせ

拝啓　秋冷の候、皆様にはますますご清祥のこととお慶び申し上げます。
さて、毎年恒例の「秋の演奏会」…下記の通り開催することになりました。ぜひ、ご来場くださいますようお知らせ…

敬具

日時：１１月１７日（火）午後７時…
場所：文化クラブハウス　レストラン
会費：１万円（食事付）

ドラッグ

下線を引きたい行全体（ここでは「秋の演奏会のお知らせ」）を

ドラッグして、選択します。

ポイント！

行全体を選択する際は、最後の文字の右側にある↵まで選択します。

2 線の種類を選択します

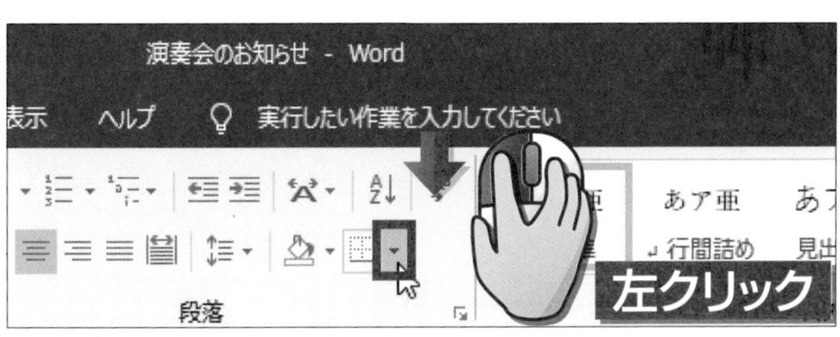

の右側の ▼ を

左クリックします。

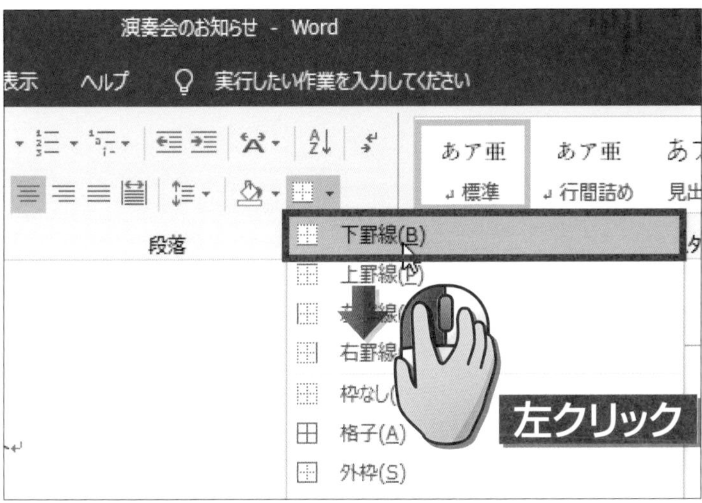

下罫線(B) に

カーソルを移動して、

左クリックします。

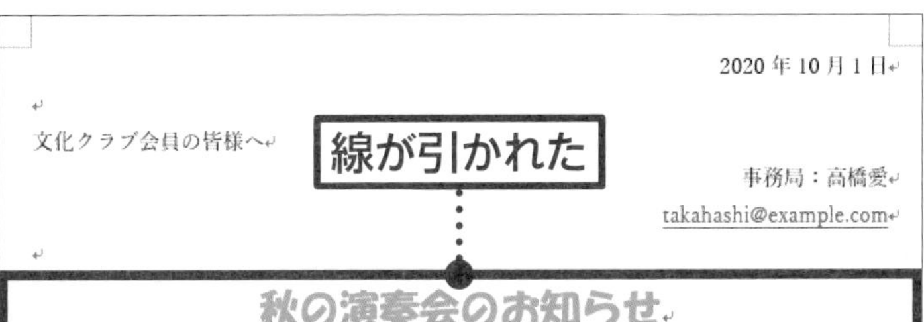

選択した行の下全体に線が引かれました。

92ページで解説した線は、文字の下にのみ引かれます。ここで引く線は、行の左端から右端まで引かれるよ！

行頭の位置を変えよう

箇条書きの行頭の位置を、読みやすいようにまとめて変更してみましょう。
行頭の位置をずらすことを、インデントといいます。

1 行を選択します

日時：１１月１７日（火）午後７時から
場所：文化クラブハウス　レストラン
会費：１万円（食事付）

※参加ご希望の方は、＜１０月２０日＞まで

左クリック

行頭の位置を変えたい行（ここでは「日時」の行）の左端を

左クリックします。

日時：１１月１７日（火）午後７時から
場所：文化クラブハウス　レストラン
会費：１万円（食事付）

※参加ご希望の方は、＜１０月２０日＞まで

ドラッグ

そのまま右下方向（ここでは「1万円（食事付）」の右側）に

ドラッグして、

複数の行を選択します。

2 字下げします

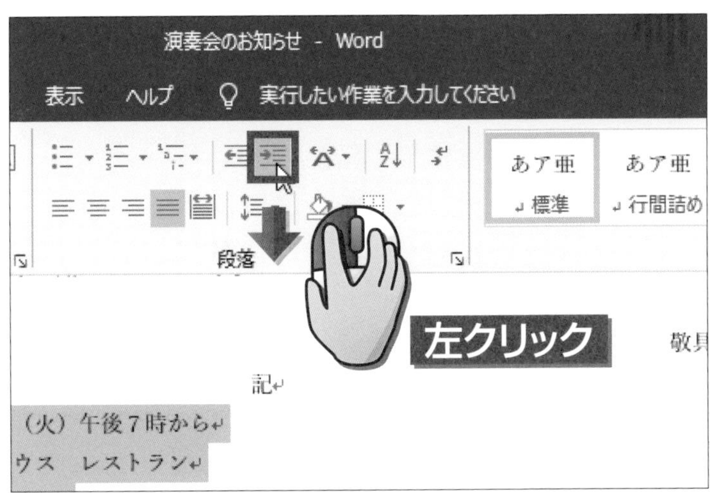

インデントを増やす

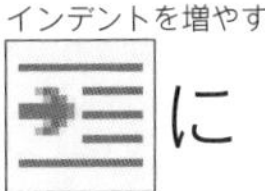に

カーソル

を移動して、

左クリックします。

日時：１１月１７日（火）午後７時から
場所：文化クラブハウス　レストラン
会費：１万円（食事付）
※参加ご希望の方は、＜１０月２０日＞まで

行頭が1文字分右にずれた

選択した行が、
1文字分右にずれました。

ポイント！

行頭を1文字分左に戻すには、（インデントを減らす）を左クリックします。

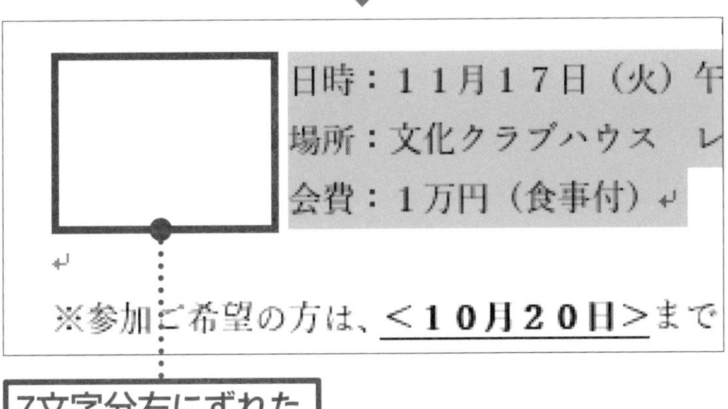

7文字分右にずれた

インデントを増やす

をさらに6回

左クリックします。

選択した行が、合計
7文字分右にずれました。

箇条書きを作ろう

日時や場所が入力された箇所に、箇条書きの書式を設定します。
箇条書きの書式を設定すると、行頭に記号がついて項目の区別がはっきりします。

1 行を選択します

日時：１１月１７日（火）午後７時から
場所：文化クラブハウス　レストラン
会費：１万円（食事付）
左クリック
望の方は、＜１０月２０日＞までにお申し込みく

箇条書きにしたい行（ここでは「日時」の行）の左端を

左クリックします。

日時：１１月１７日（火）午後７時から
場所：文化クラブハウス　レストラン
会費：１万円（食事付）
※参加希望の方は、＜１０月２０日＞まで
ドラッグ

そのまま右下方向（ここでは「1万円（食事付）」の右側）に

ドラッグして、

複数の行を選択します。

2 箇条書きにします

箇条書き
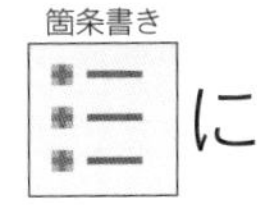
に

カーソル

左クリックします。

- 日時：１１月１７日（火）午後７時から
- 場所：文化クラブハウス　レストラン
- 会費：１万円（食事付）

望の方は、＜１０月２０日＞までにお申し込みく

箇条書きが設定され、行頭に記号がつきました。

ポイント！

56ページの方法で上書き保存しておきましょう。

コラム 箇条書きに番号をつけるには

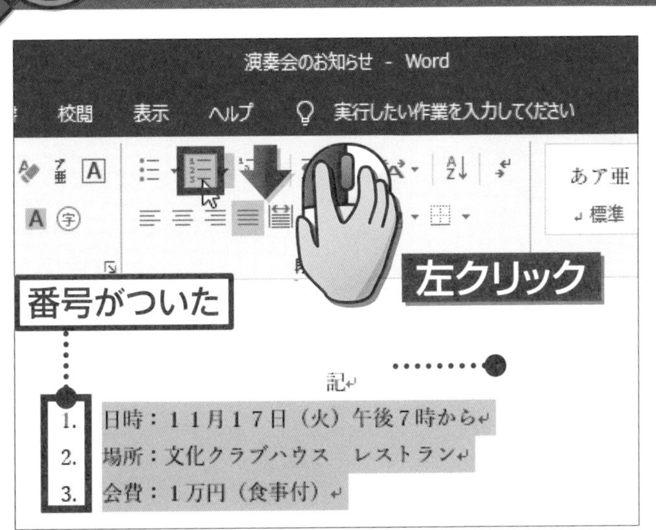

行頭に記号ではなく番号をつけたい場合は、行を選択した状態で、

段落番号

を

左クリックします。

作成した文書を印刷しよう

作成したお知らせ文書を印刷します。
印刷前には、印刷イメージを表示して確認します。

操作

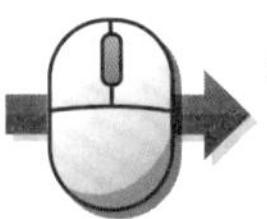
移動 ▶P.012
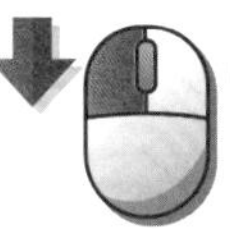
左クリック ▶P.013

入力 ▶P.016

1 プリンターを準備します

プリンターの電源が入っていること、

パソコンにプリンターがつながれていること、

最後に、
用紙がセットされていることを確認します。

ワードで印刷する場合は、
A4用紙が基本です！

2 「ファイル」タブを左クリックします

ファイル に

カーソルを移動して、

左クリックします。

3 印刷イメージを表示します

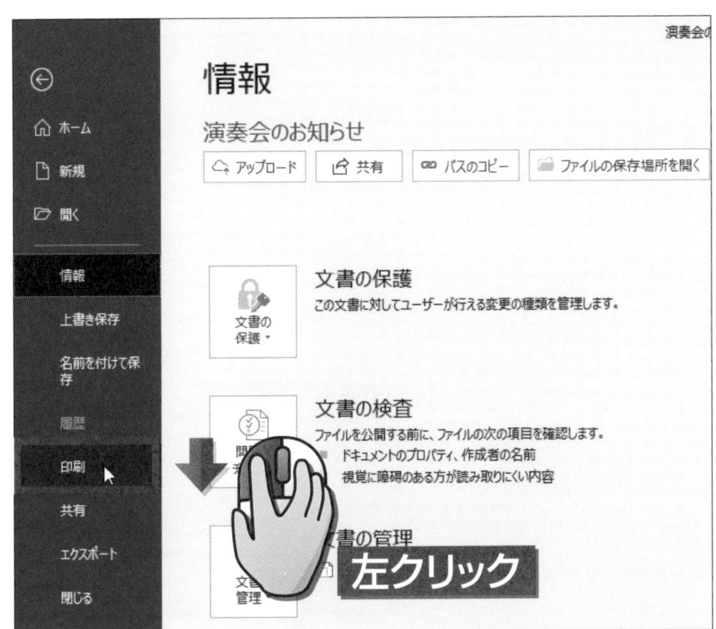

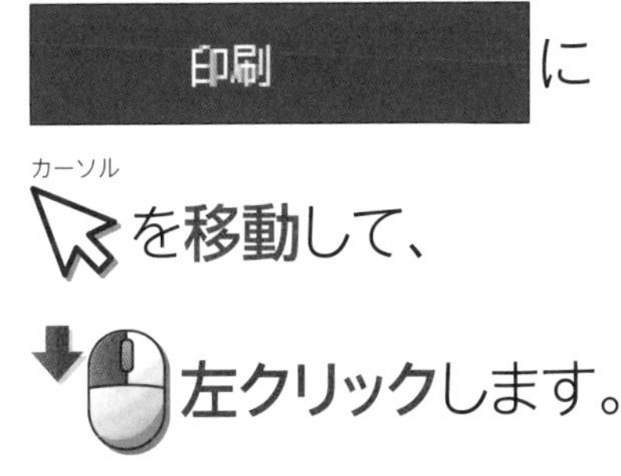

印刷 に

カーソルを移動して、

左クリックします。

4 印刷イメージが表示されました

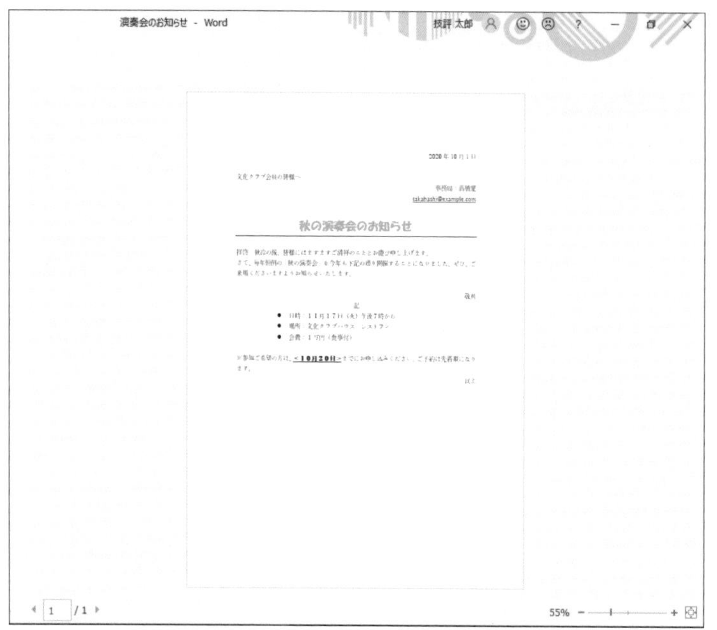

印刷イメージが表示されます。

印刷イメージは、印刷結果とほとんど同じ状態で表示されます。

5 プリンター名を確認します

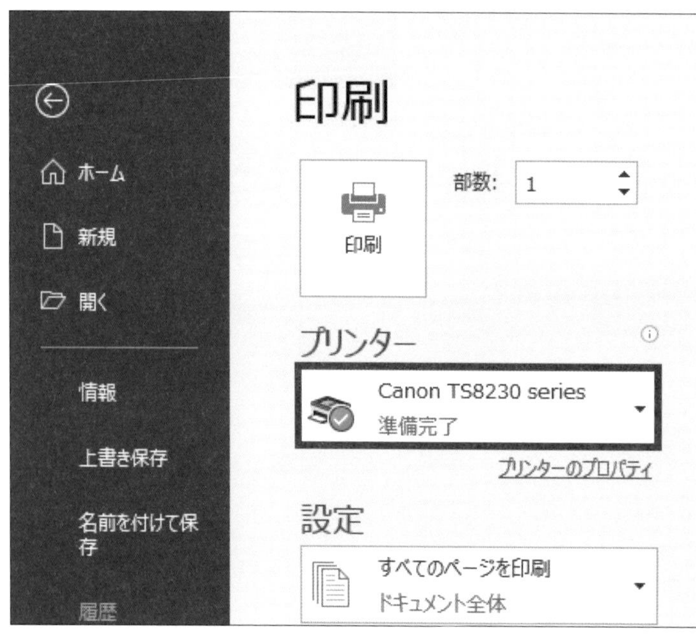

プリンター に、手順 1 で準備したプリンターの名前が表示されていることを確認します。

ポイント!

違うプリンターの名前が表示されている場合は、右側の▼を左クリックして目的のプリンターを選択します。

6 印刷を実行します

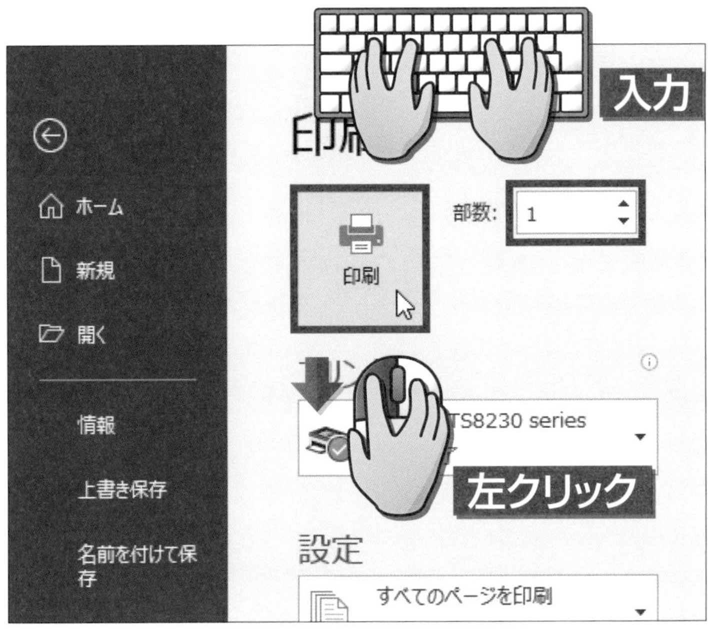

部数: の右側に、

印刷部数を

**入力**します。

印刷 を

左クリックします。

7 印刷できました

印刷が行われます。

ポイント!

印刷が終わったら、32ページの方法でワードを終了します。

第5章　練習問題

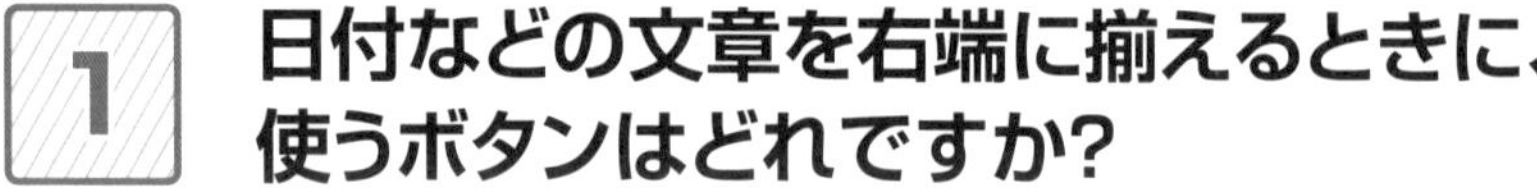

1 日付などの文章を右端に揃えるときに、使うボタンはどれですか?

❶ 　❷ 　❸ 

2 行頭の位置を右にずらすときに、使うボタンはどれですか?

❶ 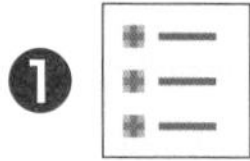　❷ 　❸ 

3 文書を印刷するときに、左クリックするタブはどれですか?

❶ ファイル

❷ ホーム

❸ レイアウト

第6章

6 イベントのチラシを作ろう

この章で学ぶこと

- 文字に派手な飾りをつけられますか?
- 図形を描けますか?
- 図形の中に文字を入力できますか?
- 文書にアイコンを入れられますか?
- 図形やアイコンの色を変更できますか?

この章でやることを知っておこう

この章では、かんたんな案内チラシを新しく作成します。
文字を派手に飾ったり、文書に図形やアイコンを入れたりする方法を紹介します。

文字をデザインする

文字に**目立つ効果**を適用してデザインします。
文字の効果には、たくさんの種類が用意されています。

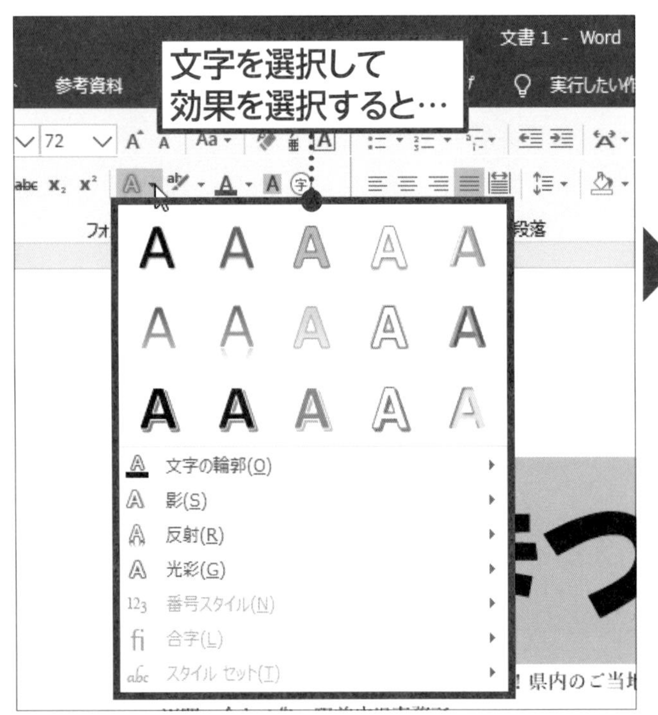

お花まつり

お花まつり

文字のデザインが変わる

図形を描く

図形を描く方法を知りましょう。
ドラッグ操作で図形を描いて、色などのスタイルを選択します。

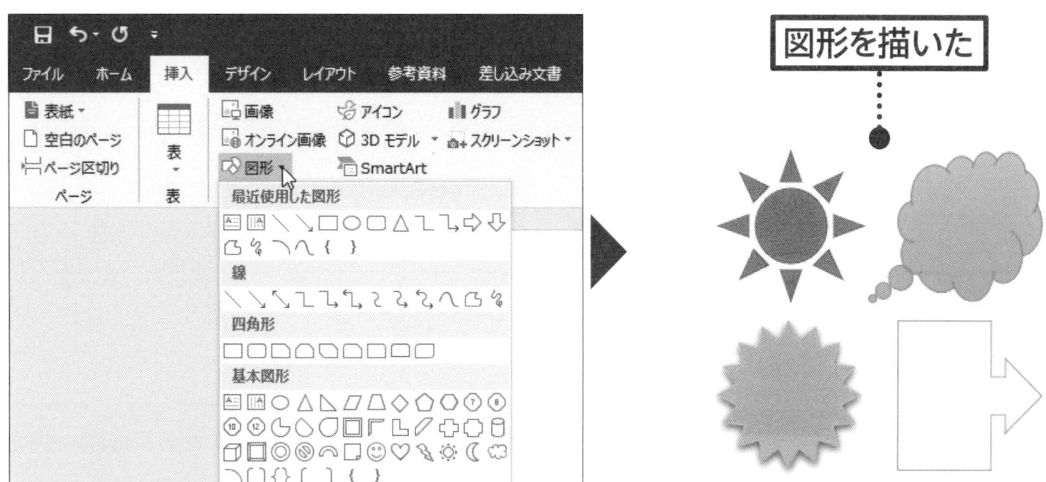

アイコンを入れる

文書にイラストのような**アイコン**を入れてみましょう。
追加するアイコンの種類を選びます。

新しい文書を作ろう

ここからは、新しい案内文書を作ります。
まずは、白紙の用紙を準備し、文章を入力して保存します。

1 文字を入力します

20ページの方法でワードを起動して、

下の画面のように文字を 入力します。

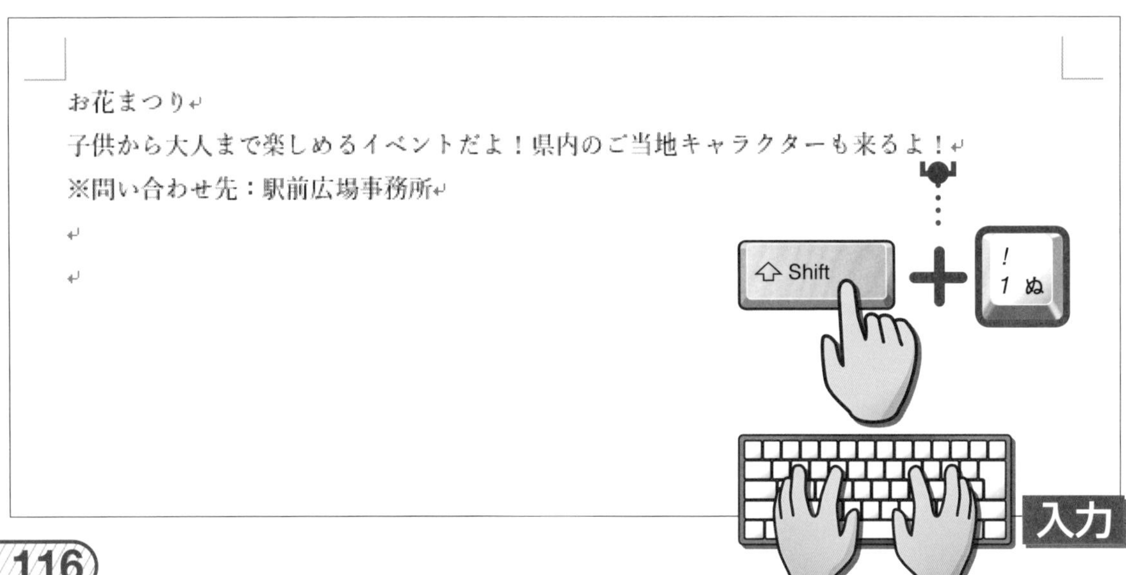

お花まつり
子供から大人まで楽しめるイベントだよ！県内のご当地キャラクターも来るよ！
※問い合わせ先：駅前広場事務所
Shift
!
1 ぬ
入力

2 文字に飾りをつけます

下の画面のように、82ページの方法で「タイトル」の文字の形を、86ページの方法で文字の大きさを、変更します。
100ページの方法で、文章の配置を中央に揃えます。

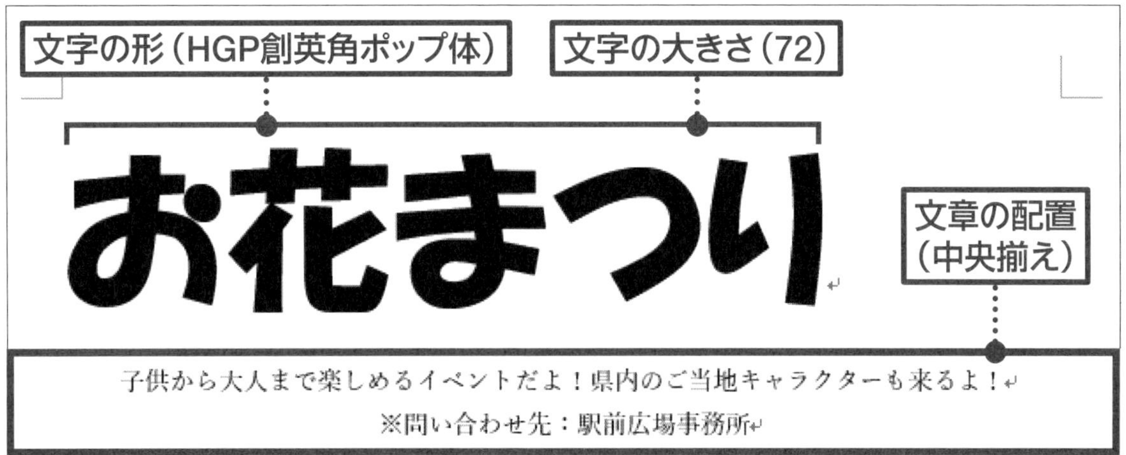

3 文書を保存します

28ページの方法で文書を保存します。
ファイルの名前は「イベントのチラシ」にします。

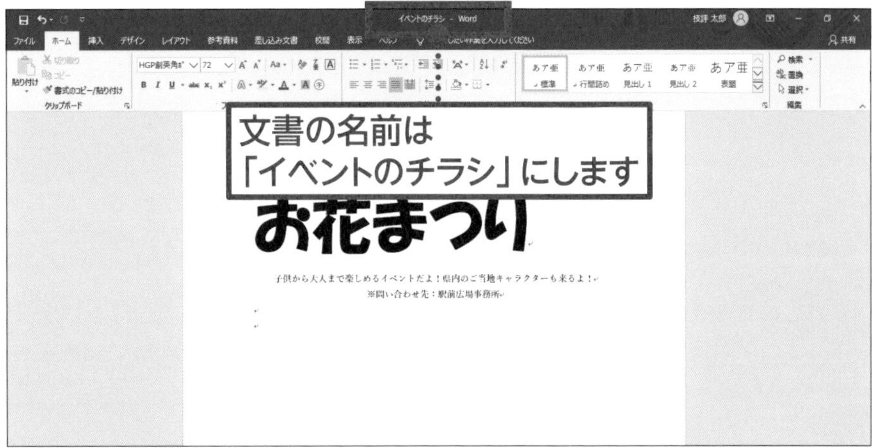

デザインされたタイトルを作ろう

文字に目立つ効果を適用して、デザインされたタイトルを作ります。
ここでは、タイトルの文字を選択してから効果の種類を選びます。

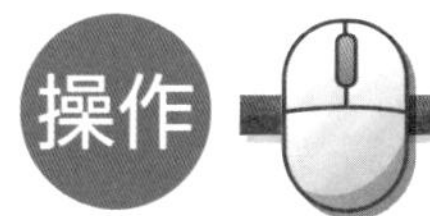

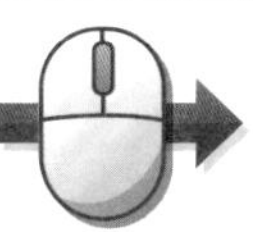
移動 ▶P.012
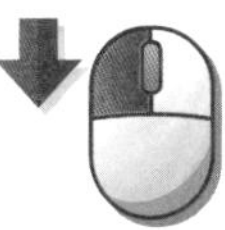
左クリック ▶P.013

ドラッグ ▶P.015

1 文字を選択します

文字のデザインを変えたい行の左端を  **左クリック**します。

文字の上を  **ドラッグ**して、選択します。

2 効果の種類を選択します

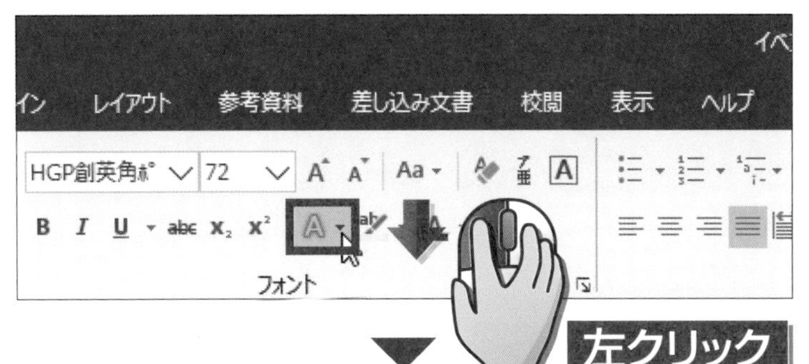

文字の効果と体裁

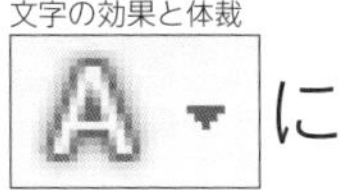

に

カーソル

を**移動**して、

左クリックします。

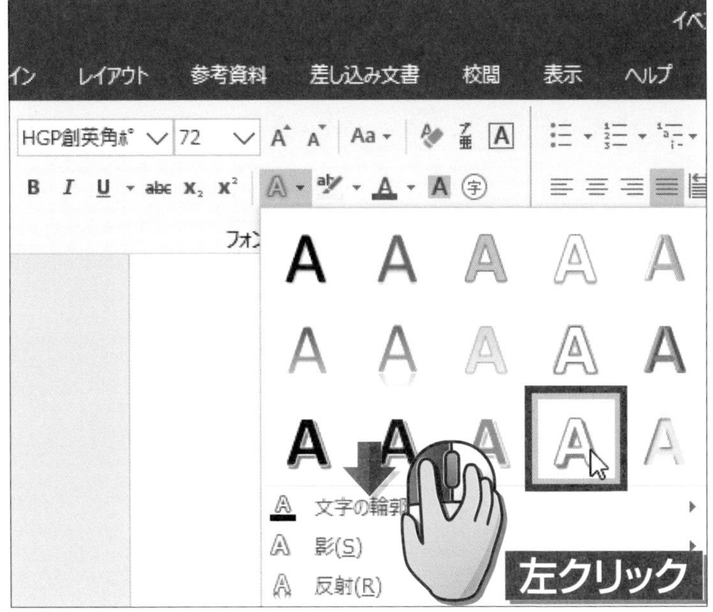

効果の種類を選びます。

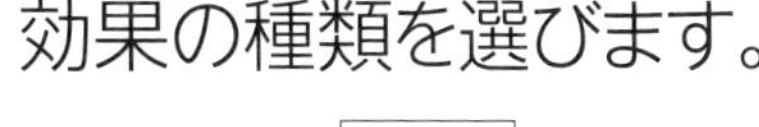

ここでは、を

左クリックします。

文字のデザインが変わった

文字のデザインが
変わりました。

タイトルの文字の周囲に色をつけよう

タイトルの文字の周囲に色をつけて強調しましょう。
文字の効果の中から光彩の飾りを選びます。

移動 ▶P.012

左クリック ▶P.013

ドラッグ ▶P.015

1 文字を選択します

文字の周囲に
色をつけたい行の
左端を

左クリックします。

文字の上を

ドラッグして、

選択します。

2 効果の種類を選択します

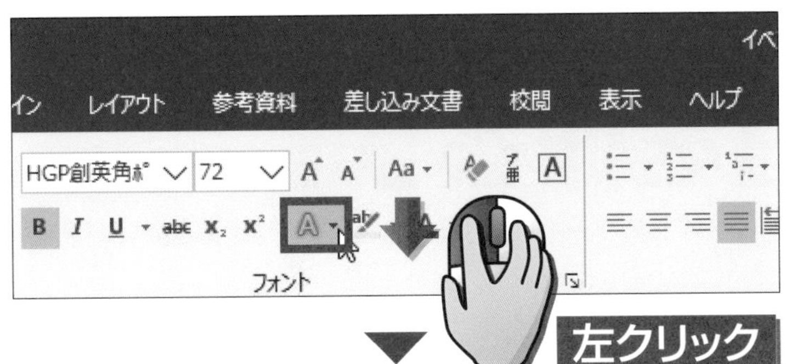

文字の効果と体裁

に

カーソル

を移動して、

左クリックします。

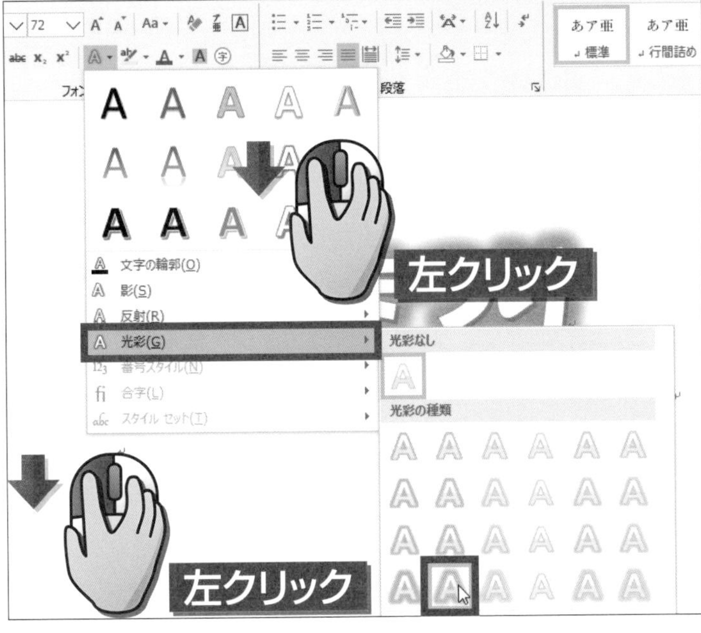

効果の種類を選びます。ここでは、

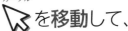

光彩(G)

を

左クリックし、

を

左クリックします。

お花まつり

子供から大人まで楽しめるイベントだよ！県内のご当地キャラクターも来る

文字のデザインが変わった

文字のデザインが変わりました。

文字の入った図形を作ろう

チラシに図形を入れてみましょう。
図形の中には日付や場所などの文字を入力します。

操作  左クリック ▶P.013  ドラッグ ▶P.015 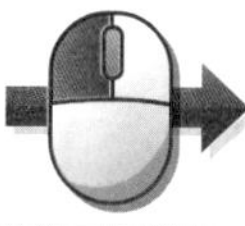 入力 ▶P.016 

▶P.013 ▶P.015 ▶P.016

1 図形を描く準備をします

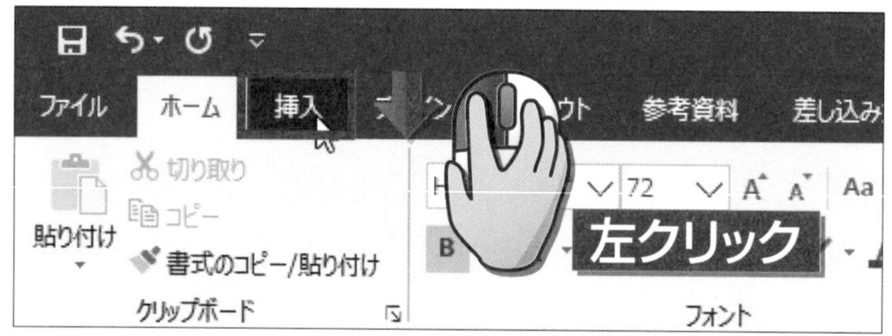

挿入 を

 左クリックします。

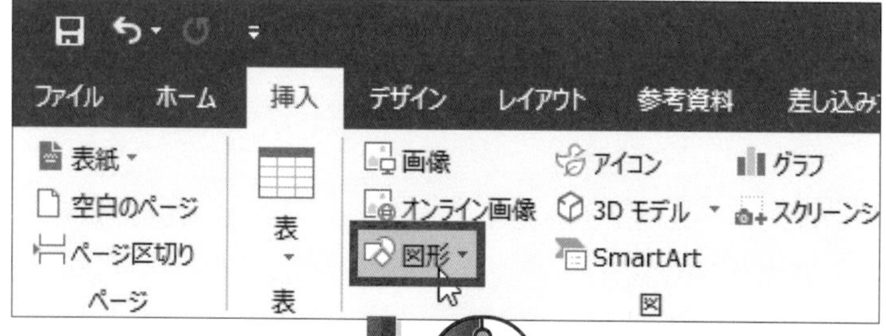

 を

 左クリックします。

2 図形を選びます

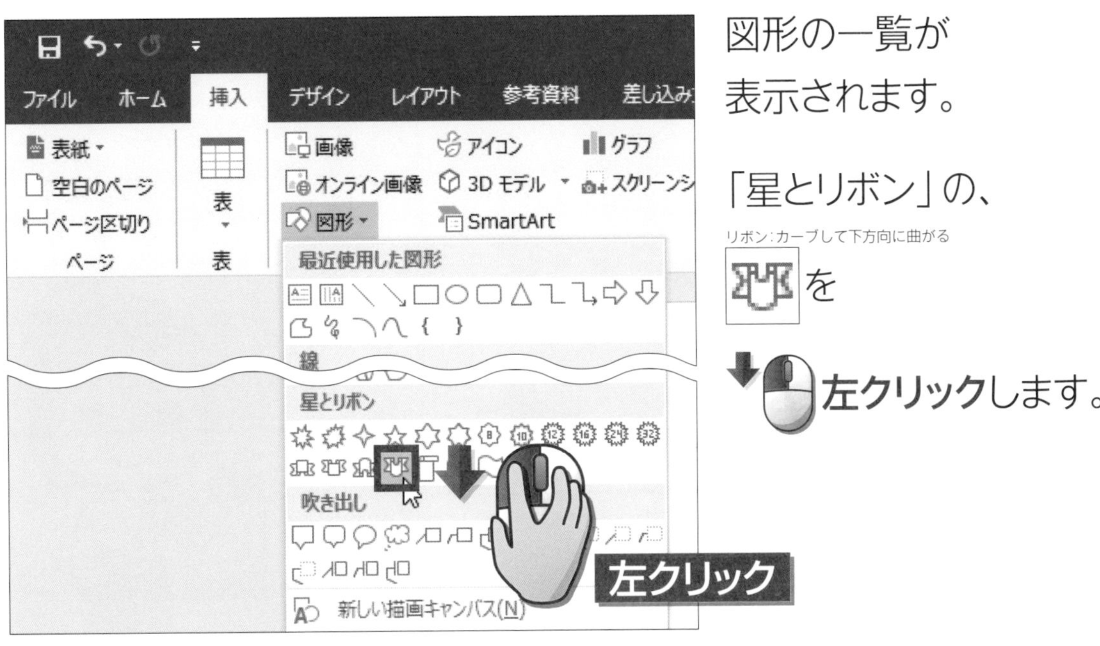

図形の一覧が表示されます。

「星とリボン」の、

リボン:カーブして下方向に曲がる

を

左クリックします。

3 図形を描きます

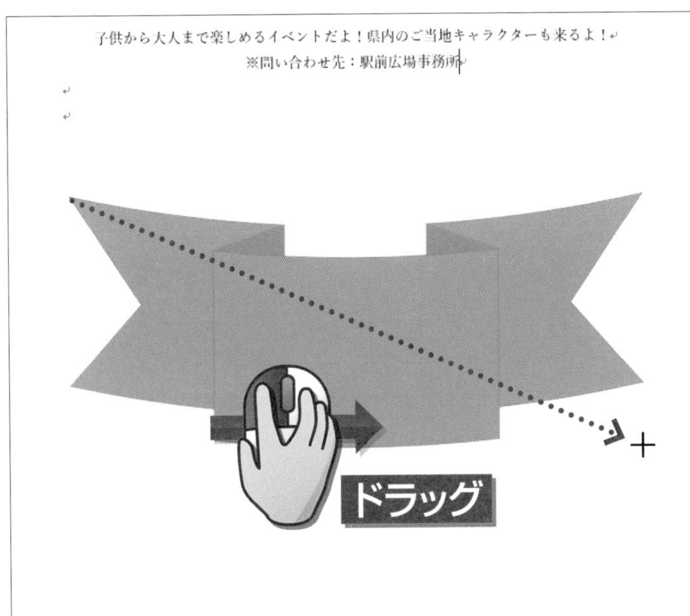

図形を配置する場所に

を移動し、

右下に向けて

ドラッグします。

ポイント!

ここでは文章の下でドラッグしています。

4 図形を選択します

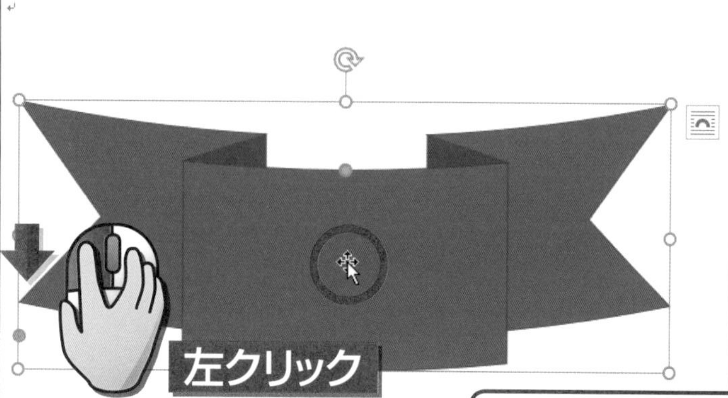

表示された図形の内側を

左クリックします。

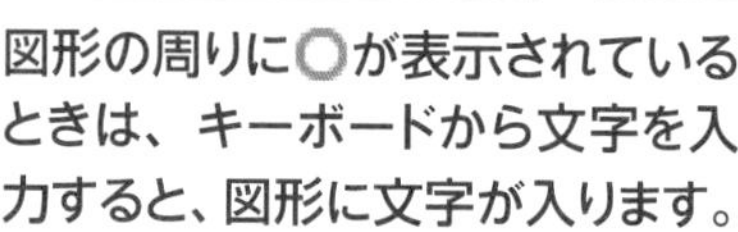

図形の周りに○が表示されているときは、キーボードから文字を入力すると、図形に文字が入ります。

5 文字を入力します

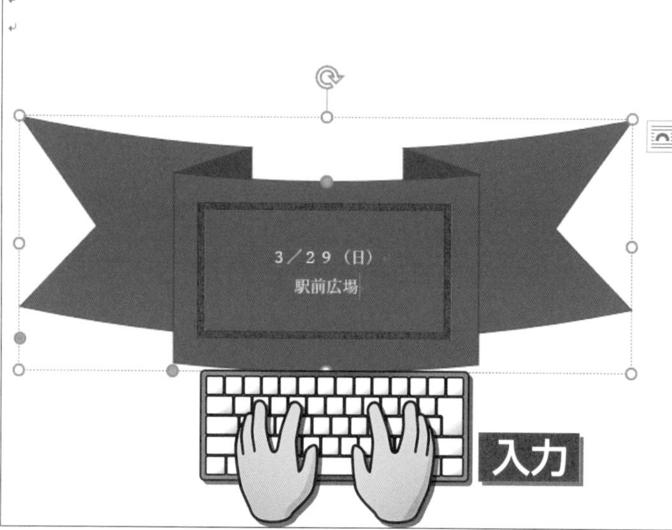

左のように文字を

入力します。

ポイント！

「／」の記号は、「すらっしゅ」と入力し、スペースキーで変換すると入力できます。

6 文字と図形の大きさを変更します

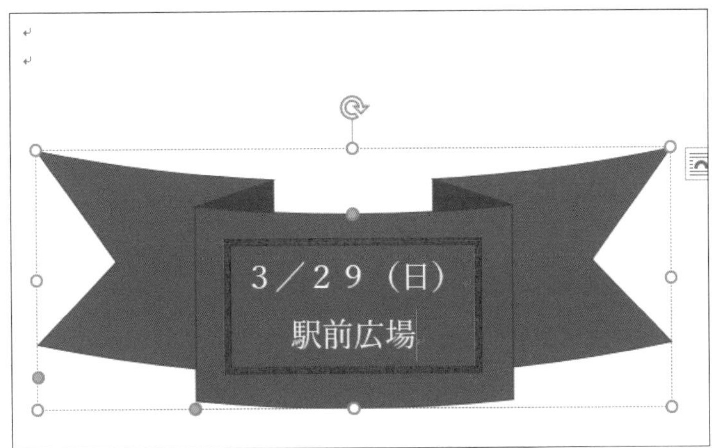

86ページの方法で、文字の大きさを「20」に変更します。

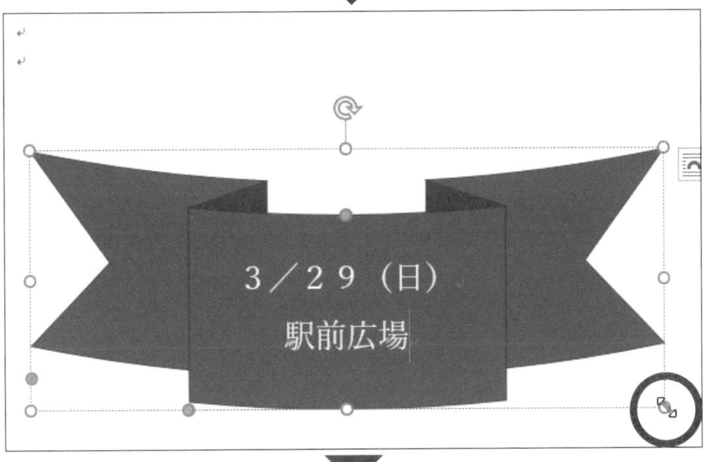

図形の右下の○に カーソル を**移動**します。

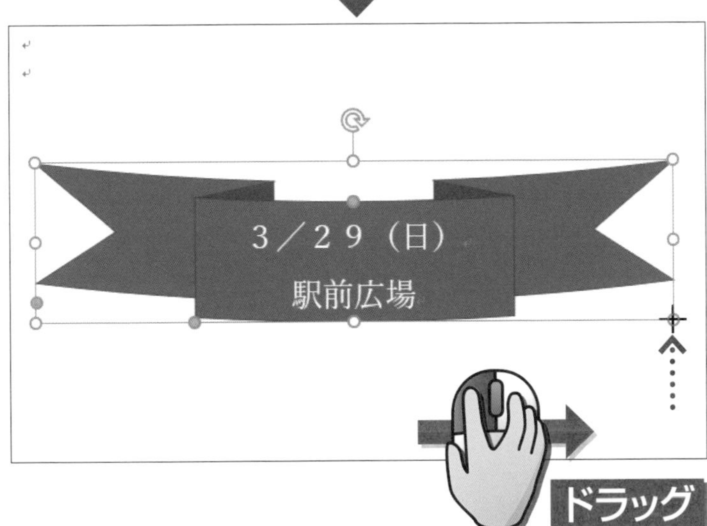

カーソル の形が ↖↘ になったら、上方向へ **ドラッグ**します。

図形が小さくなります。

図形の位置を移動しよう

図形の位置は、いつでも自由に動かすことができます。
ここでは、図形を文章の下に移動しましょう。

1 図形を移動する準備をします

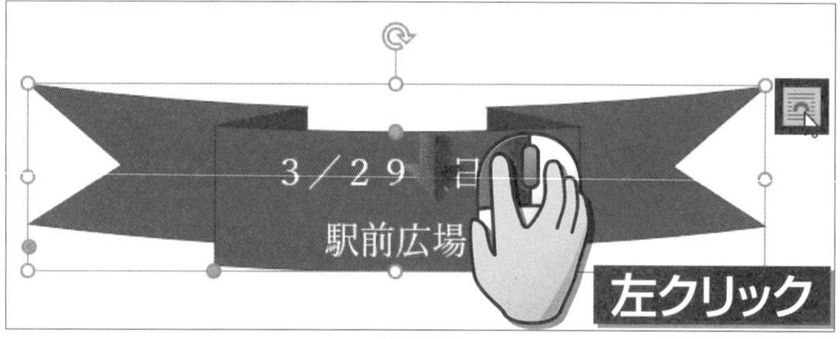

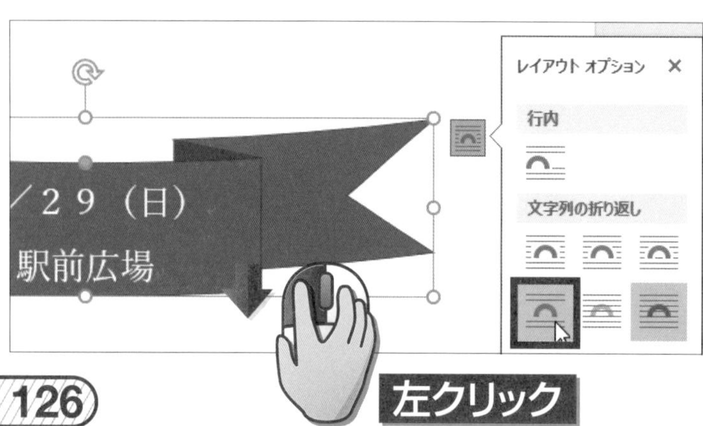

図形を

レイアウトオプション

を

左クリックします。

上下

を

左クリックします。

ポイント！

この操作で、図形を自由に移動できるようになります。

2 図形を移動します

図形の外枠部分に

カーソル を**移動**します。

ポイント！

図形の内側や四隅に（カーソル）を移動してしまうと、正しく移動できないので注意してください。

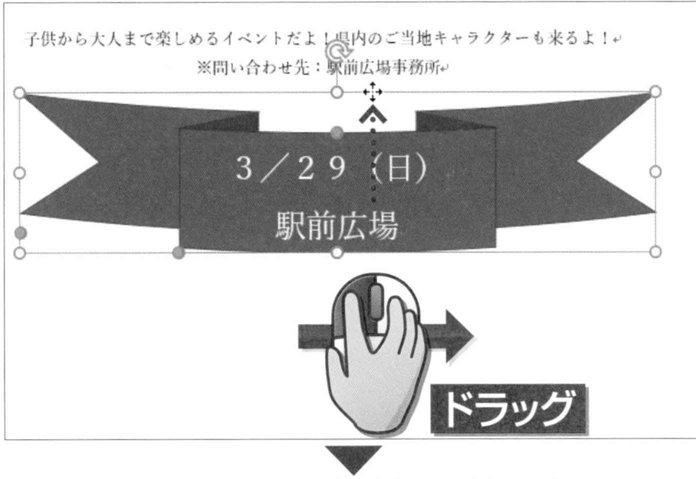
子供から大人まで楽しめるイベントだよ！県内のご当地キャラクターも来るよ！
※問い合わせ先：駅前広場事務所
3／29（日）
駅前広場
ドラッグ

カーソル の形が

になったら、

図形を

移動したい方向へ

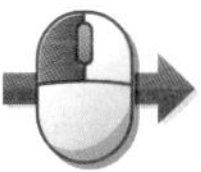

ドラッグします。

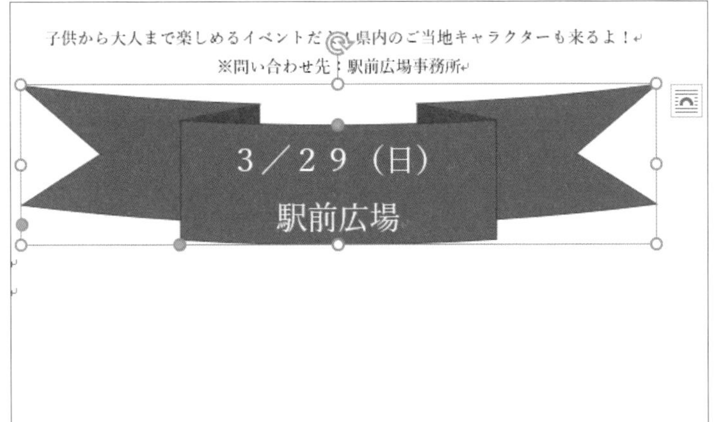
子供から大人まで楽しめるイベントだよ！県内のご当地キャラクターも来るよ！
※問い合わせ先：駅前広場事務所
3／29（日）
駅前広場

図形が移動しました。

ポイント！

ここでは、図形を上に移動し、文章に近づけています。

図形のスタイルを変えよう

図形には、色や枠線の太さなどの飾りを組み合わせた、スタイルがあります。
スタイルを選んで、図形の色を変えてみましょう。

操作

左クリック

▶P.013

1 スタイルを変更する準備をします

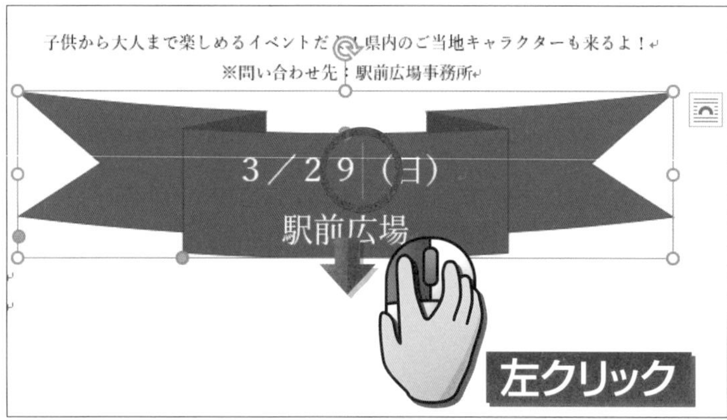

子供から大人まで楽しめるイベントだ　県内のご当地キャラクターも来るよ！
※問い合わせ先：駅前広場事務所
3／29（ヨ）
駅前広場
左クリック

図形の内側を

左クリックします。

図形が選択されます。

ポイント！

図形が選択されると、図形の周囲に○がつきます。

書式 を

左クリックします。

2 スタイルを選択します

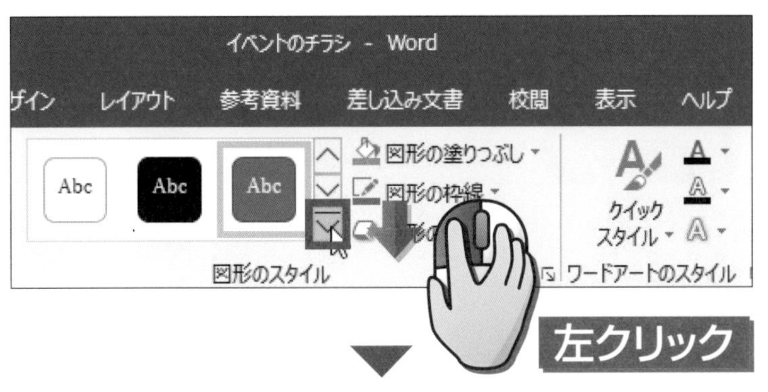

「図形のスタイル」の

を

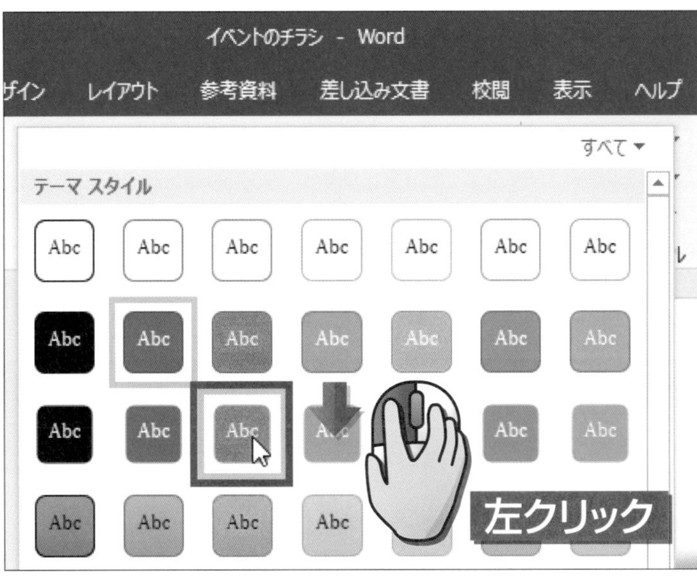

表示された一覧から、気に入ったスタイルを

ポイント!

スタイルとは、図形内の色やその濃さ、枠線の種類などを組み合わせたデザインのことです。スタイルを設定することによって、図形のデザインが変わります。

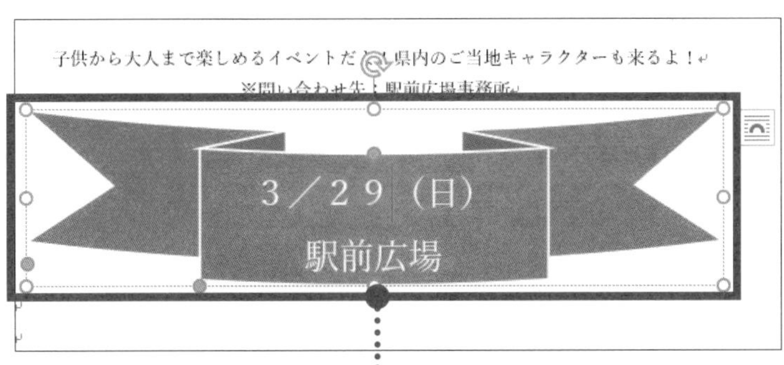

図形のスタイルが変わった

図形のスタイルが変わりました。

風船のアイコンを入れよう

チラシにイラストのようなアイコンを入れてみましょう。
さまざまなアイコンの中から、追加するアイコンを選びます。

 左クリック ▶P.013

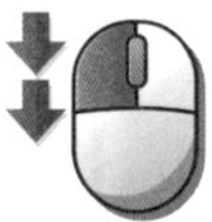 ダブルクリック ▶P.014

 回転 ▶P.010

1 アイコンを追加する準備をします

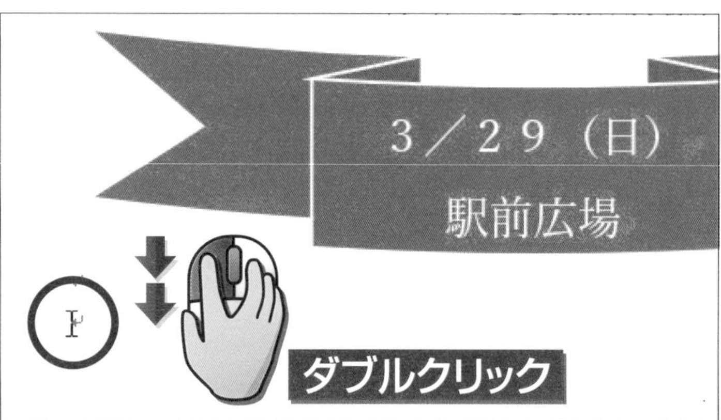

ファイル　ホーム　挿入　参考資料　差し込み
切り取り
コピー
貼り付け
書式のコピー/貼り付け
クリップボード
フォント
左クリック

アイコンを追加する場所を

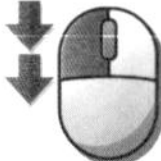 ダブルクリック

します。

ポイント！

アイコンは、ワード2019で追加された機能です。

挿入 を

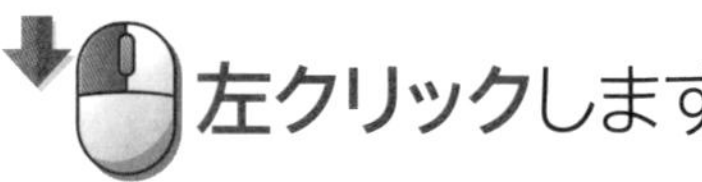 左クリックします。

2 アイコンを追加します

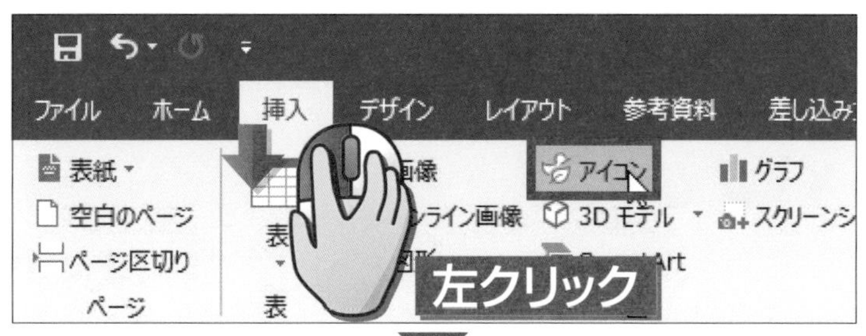

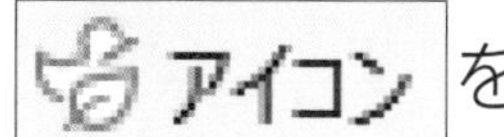を

左クリックします。

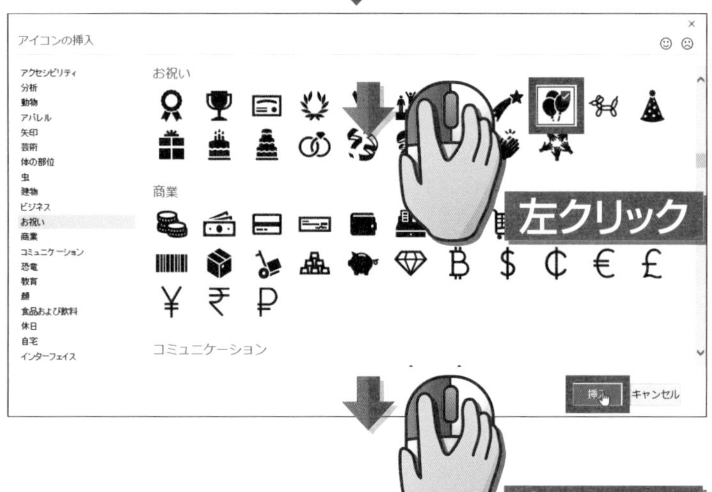

マウスホイールを

回転し、

追加するアイコンを

左クリックします。

を

左クリックします。

アイコンが
追加されました。

ポイント！

アイコンを利用するには、インターネットに接続しておく必要があります。

アイコンを大きく表示しよう

アイコンの大きさはあとから変更できます。
ここでは、アイコンを大きく表示してみましょう。

1 アイコンを選択します

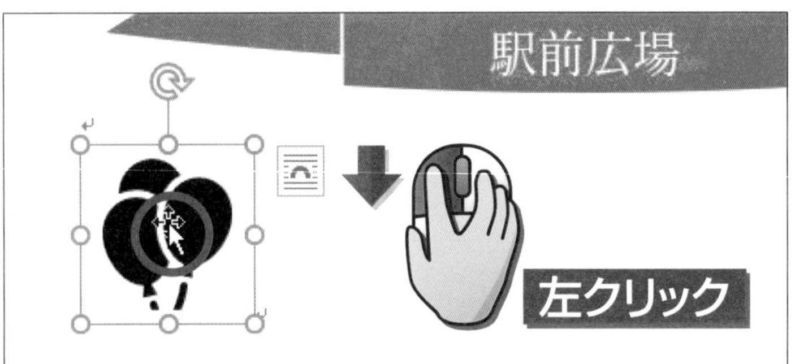

アイコンを

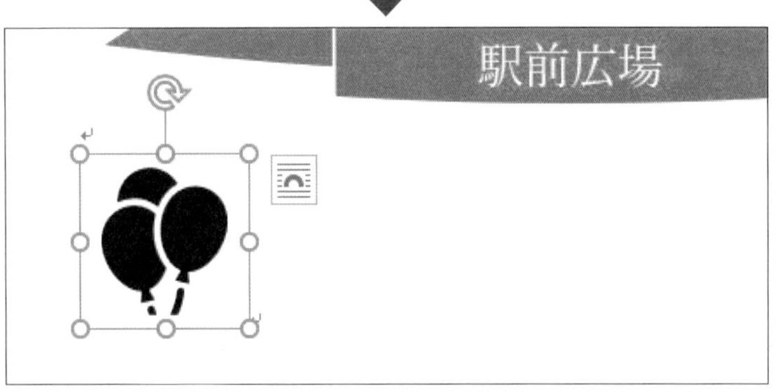

アイコンの周囲に
○が表示されます。

2 アイコンの大きさを変更します

アイコンの右下の○に

カーソル を移動します。

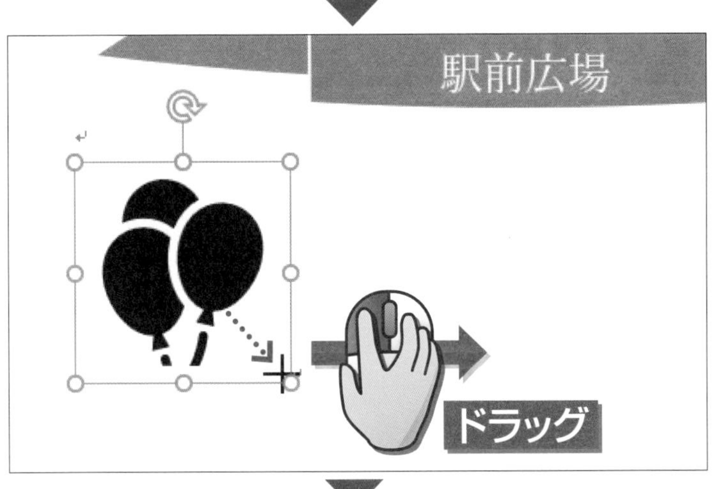

カーソル の形が

になったら、

右下方向へ

ドラッグします。

アイコンが大きく表示されます。

アイコンの配置を変更しよう

アイコンをタイトルの横に移動しましょう。
アイコンを移動先までドラッグします。

1 アイコンを移動する準備をします

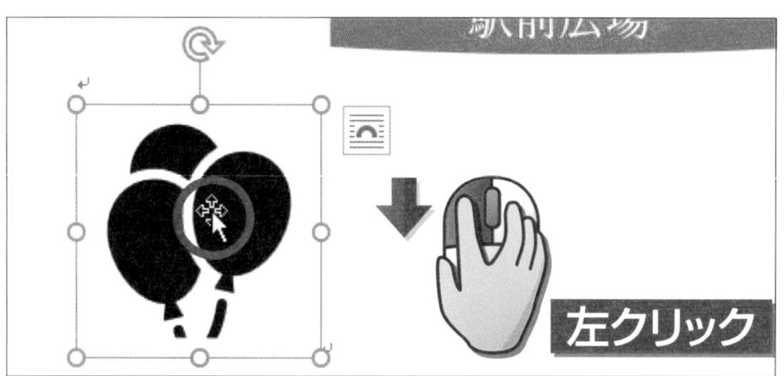

アイコンを

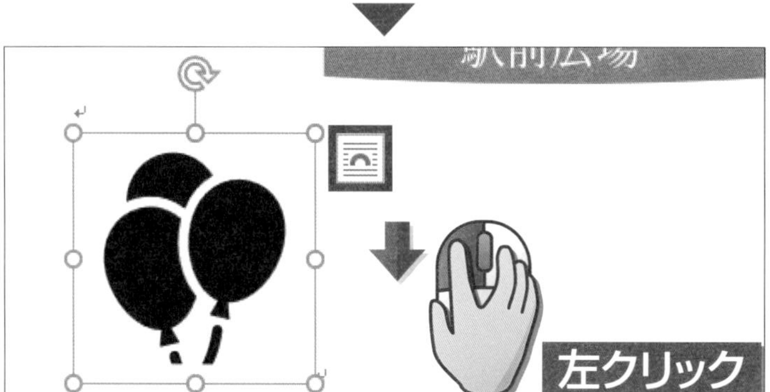

レイアウトオプション

を

2 アイコンを移動します

四角形

を

左クリックします。

ポイント！

この操作で、アイコンを自由に移動できるようになります。

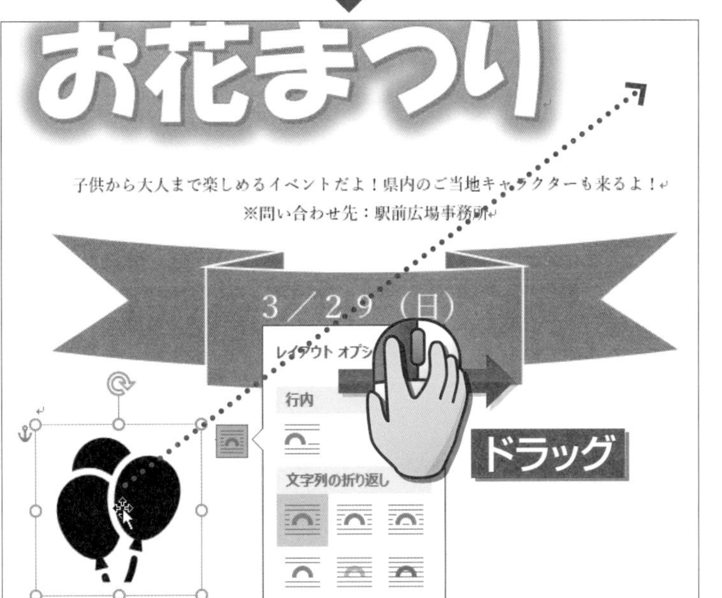

お花まつり
子供から大人まで楽しめるイベントだよ！県内のご当地キャラクターも来るよ！
※問い合わせ先：駅前広場事務所
3／29（日）
レイアウト オプション
行内
文字列の折り返し
ドラッグ

アイコンの内側に

カーソル を移動します。

カーソル の形が ✥ に

なったら、アイコンを

移動したい方向へ

ドラッグします。

アイコンが

移動しました。

ポイント！

ここではタイトルの右側にアイコンを移動しました。

アイコンのスタイルを変えよう

アイコンの色合いなどのスタイルを変更してみましょう。
スタイルの一覧から色合いを選択します。

操作

左クリック
▶P.013

1 スタイルを変更する準備をします

まつり
左クリック
めるイベントだよ！県内のご当地キャラクターも来るよ！
※問い合わせ先：駅前広場事務所

アイコンの内側を

左クリックします。

アイコンが選択されます。

ポイント！

アイコンが選択されると、アイコンの周囲に○がつきます。

書式 を

左クリックします。

2 スタイルを選択します

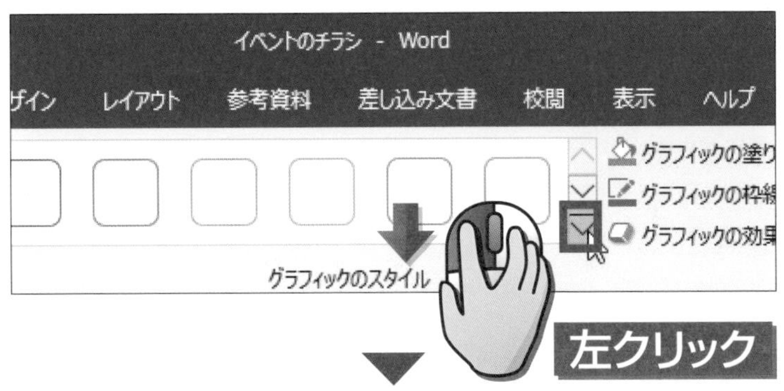

「グラフィックのスタイル」の その他 ∨ を

左クリックします。

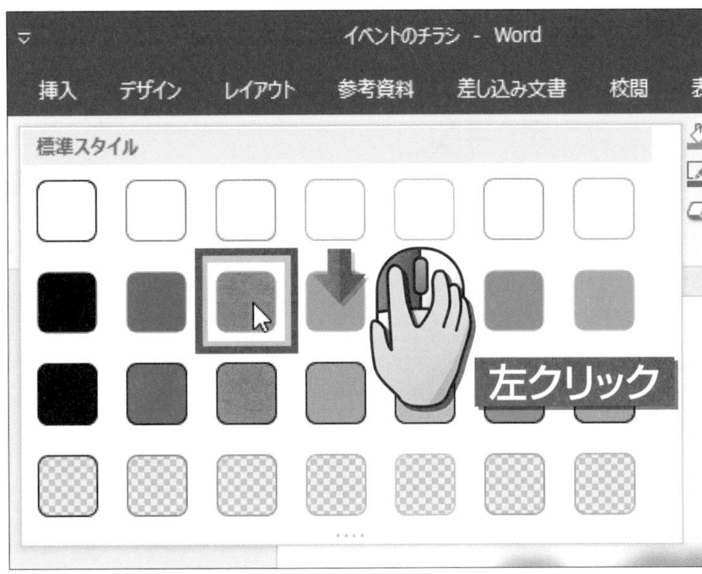

表示された一覧から、気に入ったスタイルを左クリックします。

ポイント！

スタイルとは、アイコンの色や枠線の種類などを組み合わせたデザインのことです。スタイルを設定することによって、アイコンのデザインが変わります。

アイコンのスタイルが変わりました。

ポイント！

56ページの方法で上書き保存し、ワードを終了します。

第6章　練習問題

1　文字の周囲に色をつけたいときに、左クリックするボタンはどれですか？

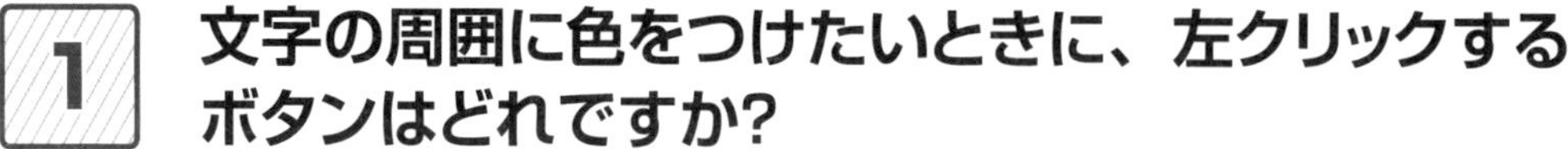

2　図形を移動するときに、（カーソル）はどの形になりますか？

3　文書にアイコンを追加するときに、左クリックするボタンはどれですか？

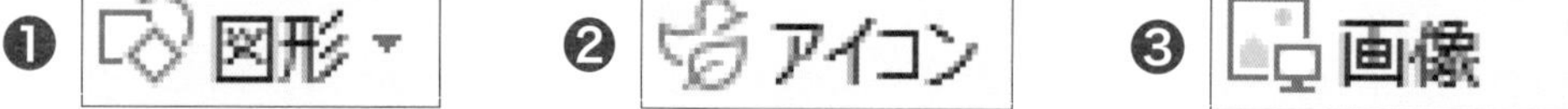

第7章

7 チラシに写真を入れて飾ろう

この章で学ぶこと

- 文書に写真を入れられますか?
- 写真の大きさを変更できますか?
- 写真の位置を移動できますか?
- 写真に飾り枠をつけられますか?

この章でやることを知っておこう

この章では、案内チラシに写真を追加します。
写真を追加したあとは、配置や大きさなどを調整しましょう。

手順❶　写真を追加する

文書に**写真を追加**します。
ここでは、あらかじめパソコンに保存してある写真を追加します。

手順❷　写真の大きさや位置を調整する

文書に追加した写真の**大きさ**を変更します。
また、写真の**位置を調整**します。

大きさや位置を調整する

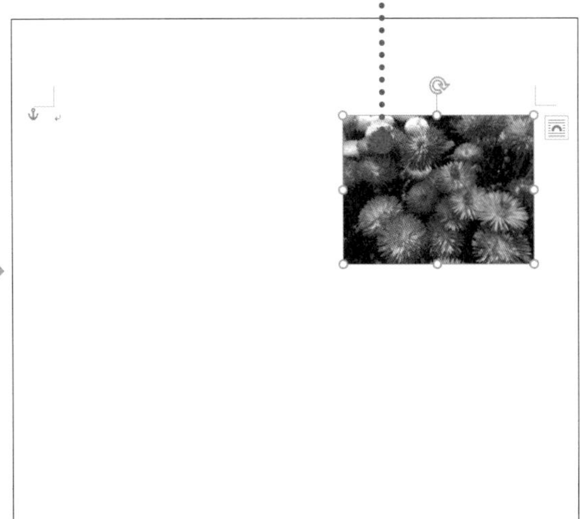

手順❸　写真に飾り枠をつける

写真に**飾り枠**をつけて、外観を整えます。

写真に飾り枠をつけた

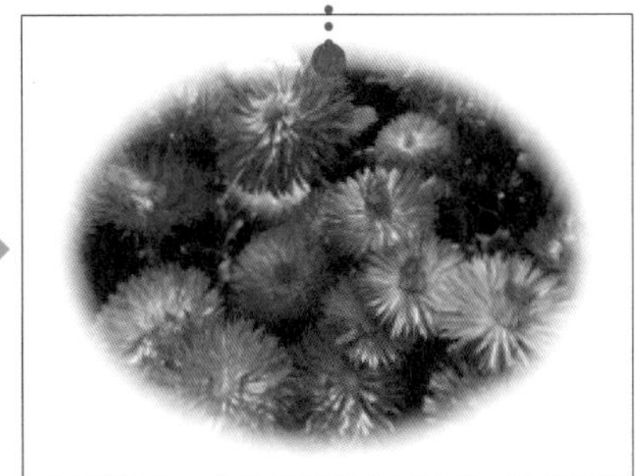

写真を入れよう

デジカメで撮影した写真を、文書に入れましょう。
あらかじめパソコンに写真を取り込んでおきます。

1 写真を入れる準備をします

34ページの方法で、「イベントのチラシ」の文書を開きます。

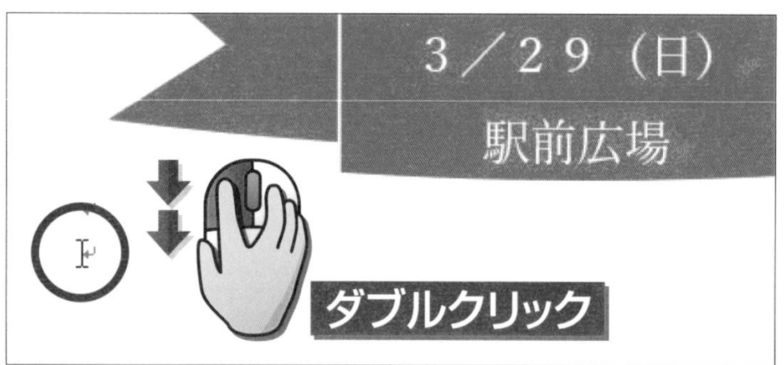

写真を追加する場所を

します。

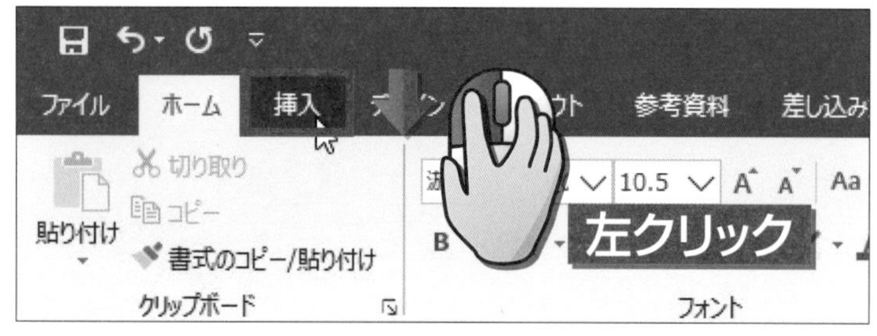

挿入 を

2 写真を選ぶ画面を表示します

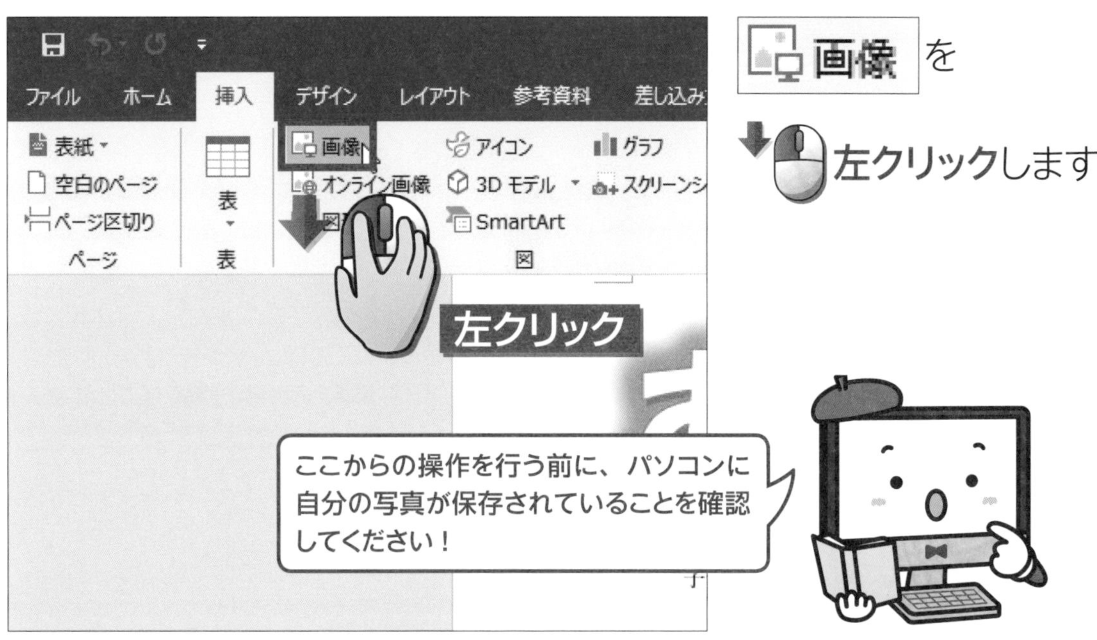

画像 を

左クリックします。

3 写真を選ぶ画面が表示されます

写真を選ぶ画面が表示されました。

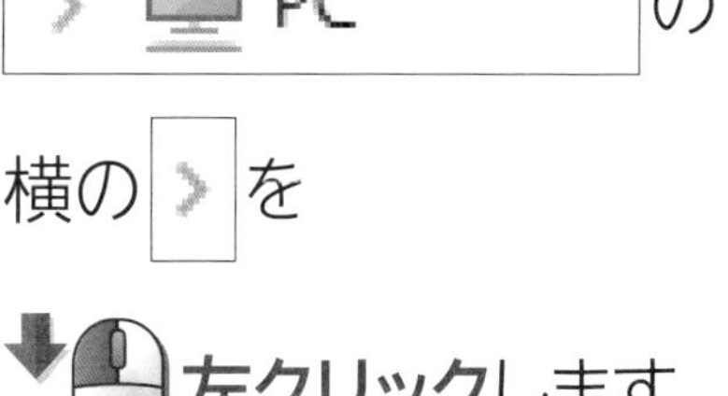

の

横の › を

左クリックします。

4 写真が保存されている場所を選びます

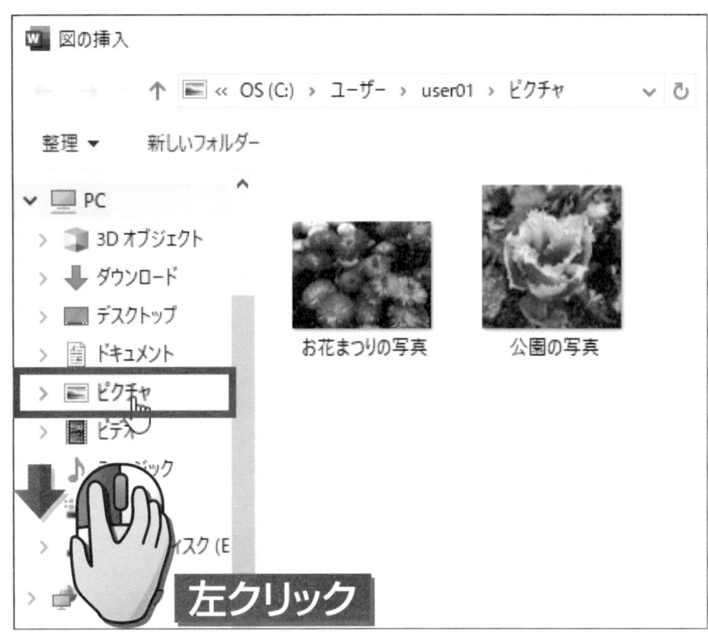

写真が保存されている場所を

ポイント！

ここでは、「ピクチャ」フォルダーに入っている写真を追加します。

5 写真を選びます

挿入する写真を

デジカメからパソコンに写真を移動すると、「ピクチャ」フォルダーに保存されるよ！

6 写真を挿入します

挿入(S) に

カーソルを移動して、

左クリックします。

7 写真が挿入されました

写真が挿入されました。

写真を挿入すると、文書いっぱいに大きく表示されます。写真の大きさは、次ページ以降で修正します！

写真の大きさを変えよう

挿入した写真の大きさを変える方法を覚えましょう。
ここでは、写真を少し小さくして表示します。

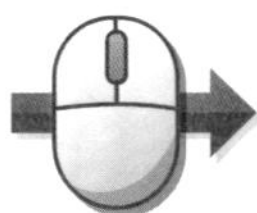
移動 ▶P.012
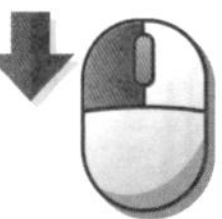
左クリック ▶P.013

ドラッグ ▶P.015

1 写真を選択します

写真の上を

**左クリック**します。

写真が選択されます。

ポイント！

写真が選択されると、写真の周囲に○がつきます。

2 写真を小さくします

写真の右下の◯に
カーソルを**移動**します。

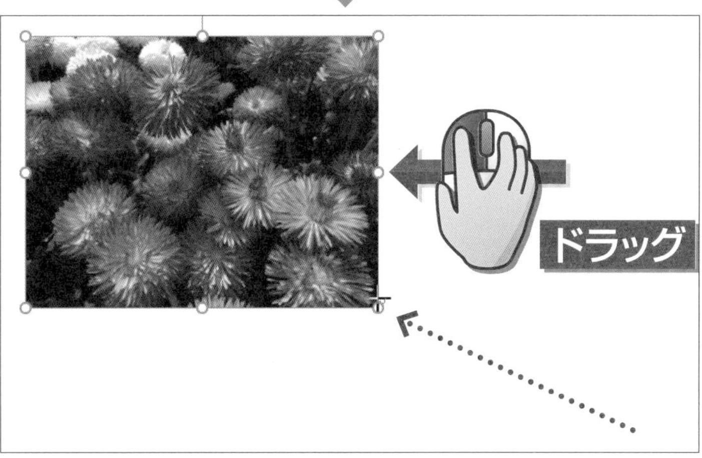

カーソルの形が
になったら、
左上方向へ
ドラッグします。

写真が
小さくなりました。

写真の位置を移動しよう

写真を表示する位置を変更しましょう。
ここでは、文章の右下に写真を移動します。

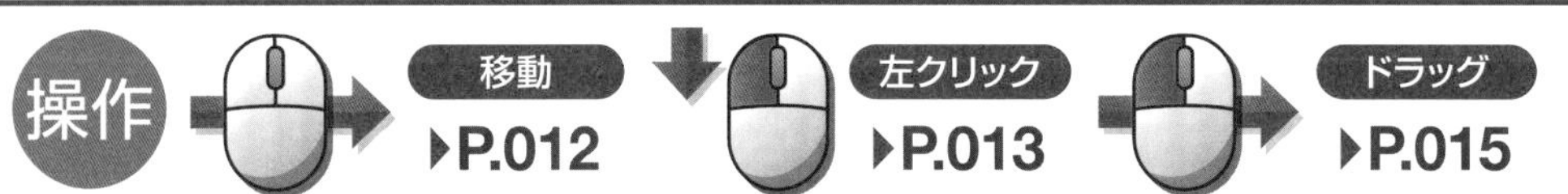

1 写真を移動する準備をします

写真の上に

カーソルを移動して、

左クリックします。

レイアウトオプション

を

左クリックします。

2 写真を移動できるようにします

表示されるメニューの

四角形

を

左クリックします。

3 写真を移動します

写真の上に

カーソル

を移動して、

文書の右下まで

ドラッグします。

写真が移動しました。

写真に飾り枠をつけよう

写真の周りには、飾り枠をつけることができます。
ここでは、写真を斜めに傾けて白い枠をつけたようなスタイルを選びます。

▸P.012

▸P.013

1 写真を選択します

写真の内側を

左クリックします。

写真が選択されます。

写真が選択されると、写真の周囲に○がつきます。

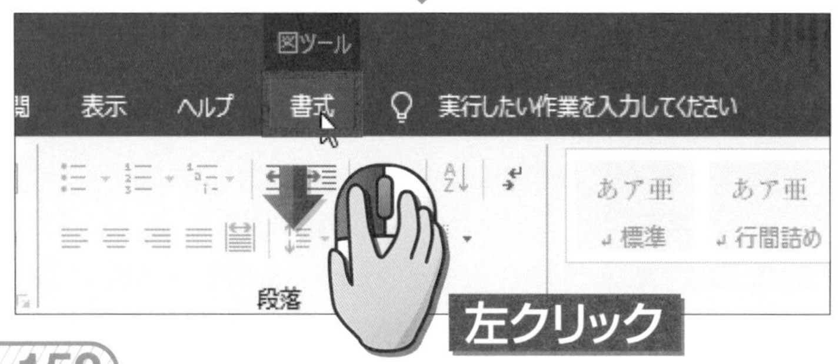

書式 を

左クリックします。

2 飾り枠を選びます

「図のスタイル」の（その他）に

（カーソル）を移動して、

左クリックします。

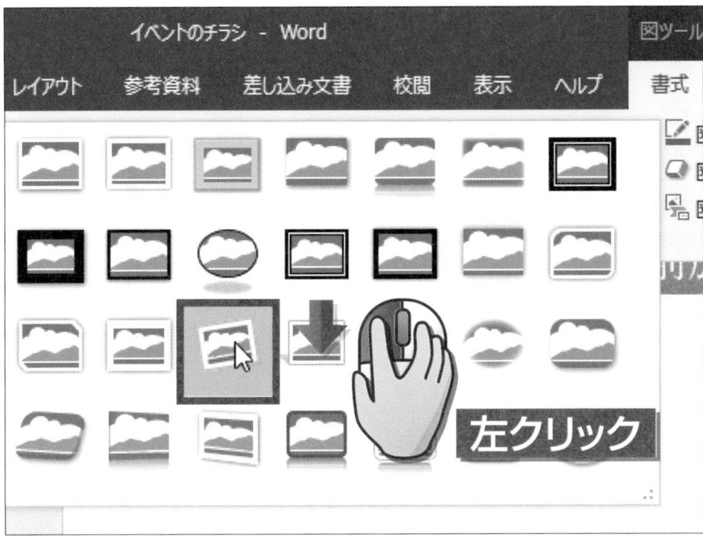

表示された一覧から、
写真につけたい
飾り枠を

左クリックします。

ポイント!

ここでは、「回転、白」を左クリックしています。

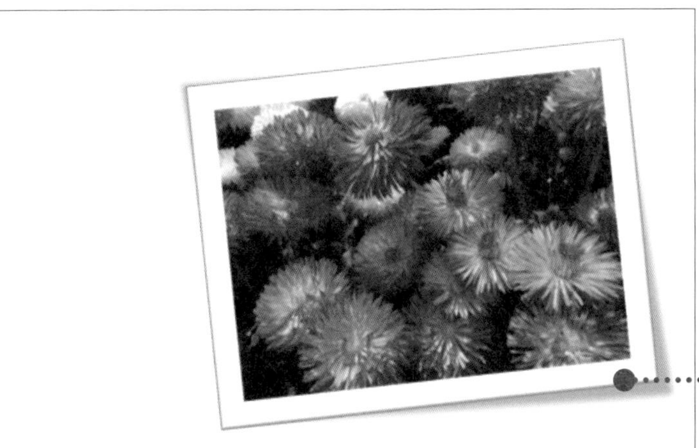

写真に飾り枠が
つきました。

ポイント!

56ページの方法で上書き保存し、ワードを終了します。

写真に飾り枠がついた

第7章　練習問題

1 文書に写真を入れるときに、左クリックするボタンはどれですか？

❶ 

❷ 

❸ 画像

2 写真の大きさを変更するときに、ドラッグする場所はどこですか？

❶ 写真の上の丸

❷ 写真の四隅

❸ 写真の内側

3 写真を選択しているとき、写真の書式を変更するときに使うタブはどれですか？

❶ 書式　❷ ホーム　❸ デザイン

第8章

8 イベントの内容を表にまとめよう

この章で学ぶこと

- 表を作成できますか?
- 表の列の幅や行の高さを変更できますか?
- 表に列や行を追加できますか?
- 表のデザインを変更できますか?
- 文書全体を飾り枠で囲めますか?

この章でやることを知っておこう

この章では、文書に表を入れる方法を紹介します。
表を追加したあとは、表に文字を入力したり、表に色をつけたりします。

表を作成する

表を追加するときは、作成する表の**行や列の数**を指定します。
作成した表には、文字を入力していきます。

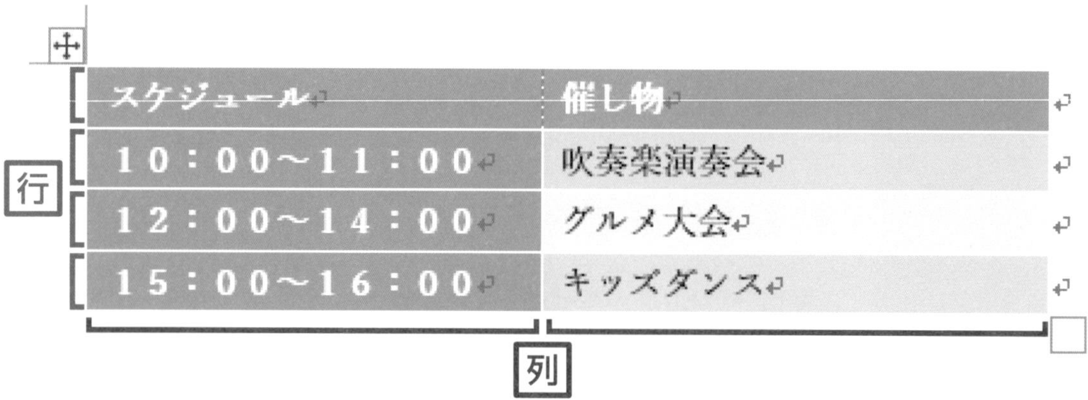

スケジュール
催し物
10：00～11：00
吹奏楽演奏会
12：00～14：00
グルメ大会
15：00～16：00
キッズダンス
行
列

この章では、上のように、表を使ってスケジュールを入力します！

行や列を追加する

作成した表には、あとから**行や列を追加**することができます。

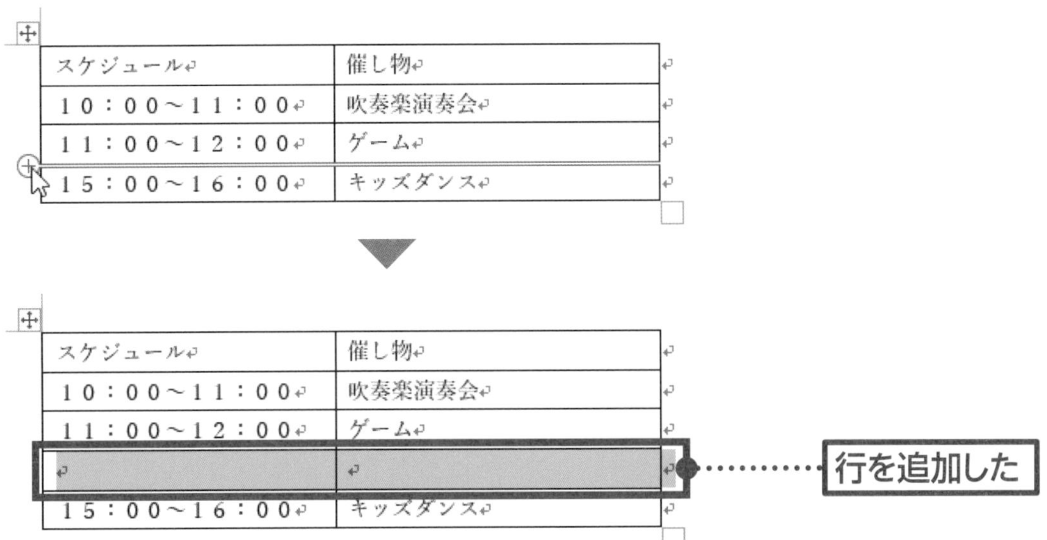

表に色をつける

表全体に色をつけて、**表の見栄え**を整えます。

表のスタイルを選ぶだけで、かんたんに表を飾ることができます。

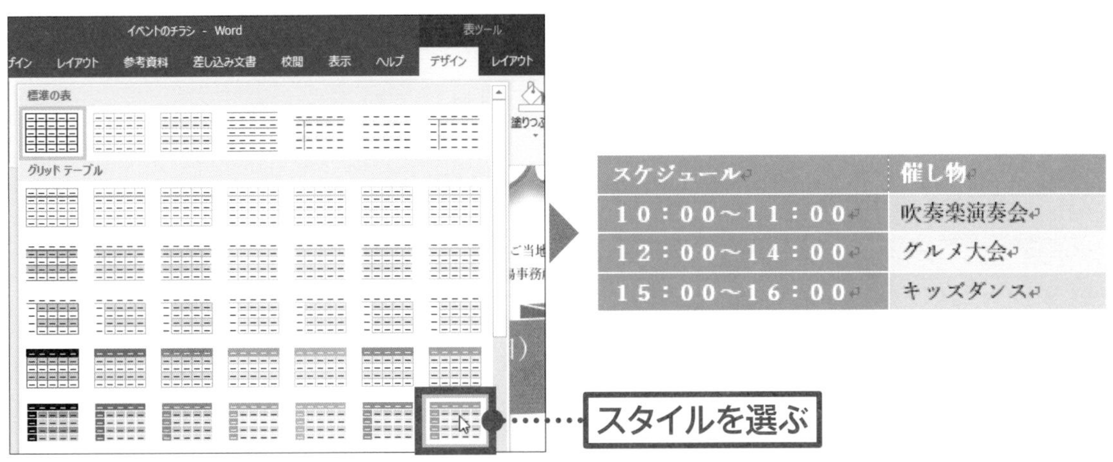

表を作ろう

文書の最終行に、表を挿入しましょう。
ワードで表を作るには、最初に何行／何列の表を作るのかを指定します。

操作　移動 ▶P.012　左クリック ▶P.013　ダブルクリック ▶P.014

1 表を入れる場所を指定します

34ページの方法で、「イベントのチラシ」の文書を開きます。

表を追加する場所を

します。

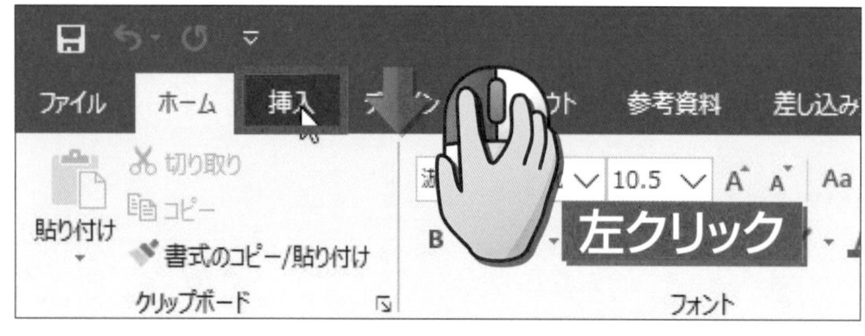

挿入 を

します。

2 表を挿入します

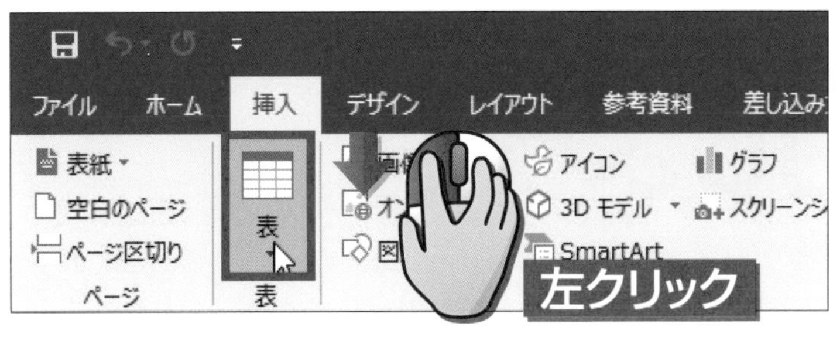

を

左クリックします。

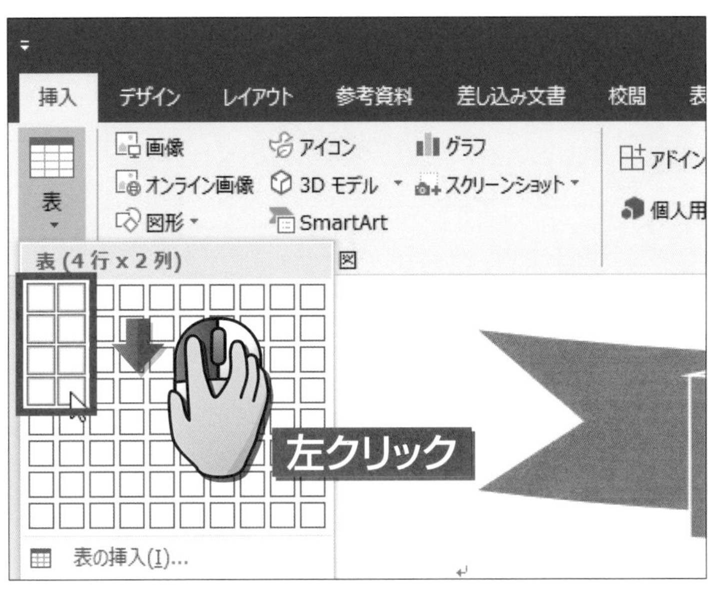

上から4行目、
左から2列目のます目に
カーソルを移動して、
左クリックします。

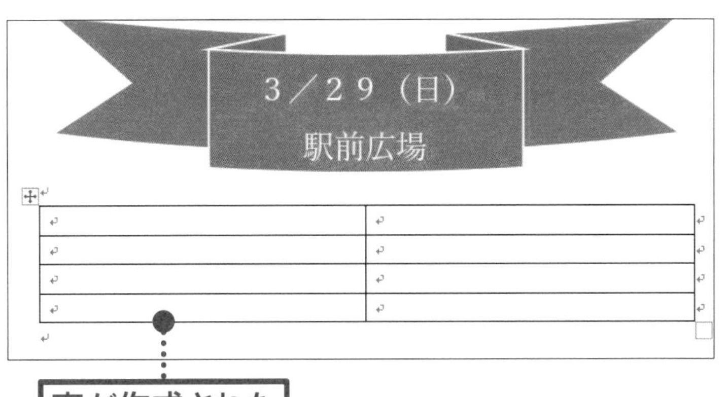

4行2列の表が
作成されました。

ポイント！

148ページで写真を移動する際に、移動した位置によっては表が写真の下に配置されることがあります。

表に文字を入力しよう

表の中に文字を入力しましょう。
表のます目を左クリックしてから、内容を入力します。

1 文字を入力する場所を指定します

1行目の左端のます目に

カーソル を**移動**して、

左クリックします。

ます目の中に

文字カーソル が表示されます。

2 ます目に文字を入力します

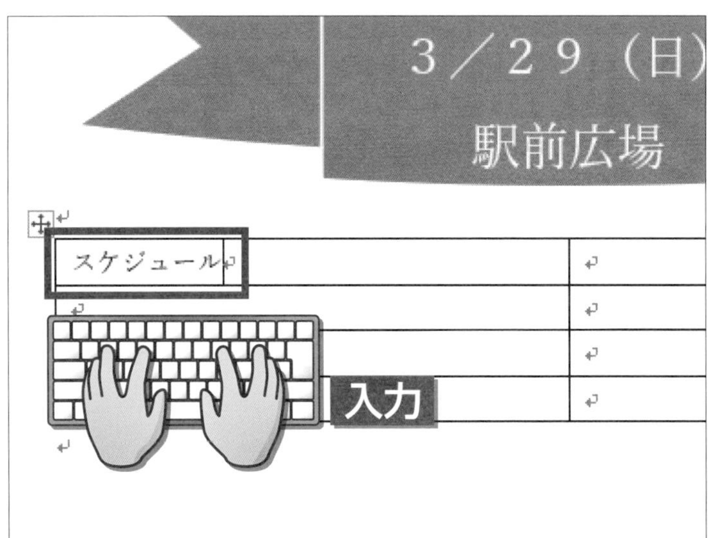

「スケジュール」と入力します。

3 他の文字を入力します

同様の方法で、下の画面のように、

他のます目に文字を  入力します。

ポイント！

「～」は「から」と入力して変換します。

駅前広場

スケジュール	催し物
１０：００～１１：００	吹奏楽演奏会
１１：００～１２：００	ゲーム
１５：００～１６：００	キッズダンス

入力

表の列幅を変えよう

ワードに表を挿入した直後は、列の幅や行の高さはすべて同じになっています。ここでは文字の長さに合わせて列の幅を調整しましょう。

1 列幅を変える準備をします

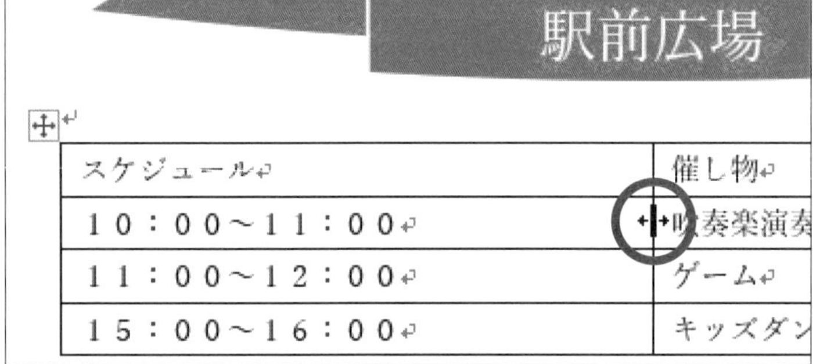

1列目と2列目の境界線に、カーソルを**移動**します。

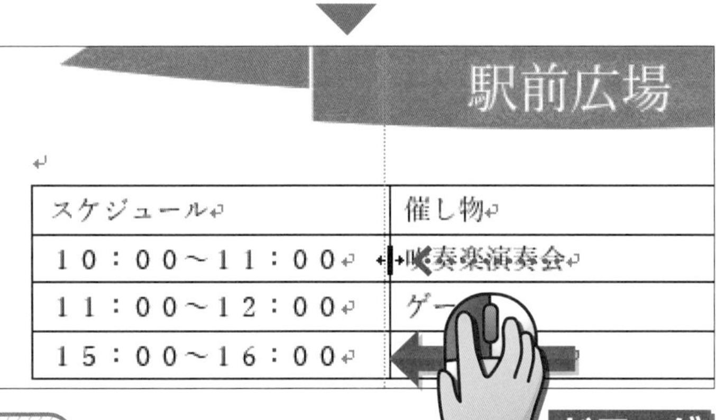

カーソルの形が ┿||┿ になったら、左方向に**ドラッグ**します。

2 右の列幅を変えます

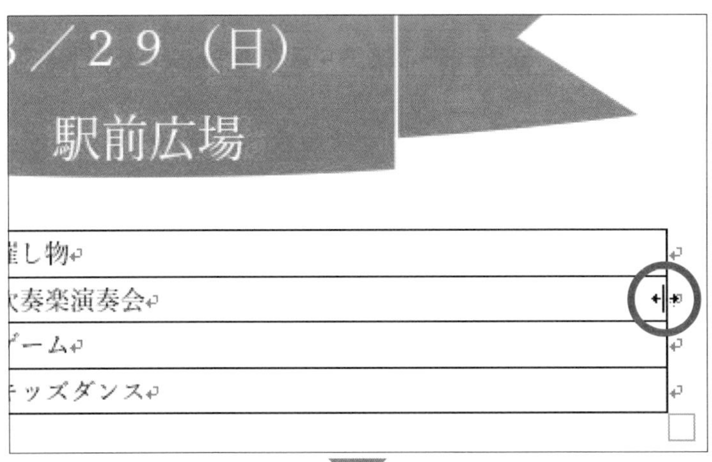

表の右端の境界線に、カーソルを移動します。

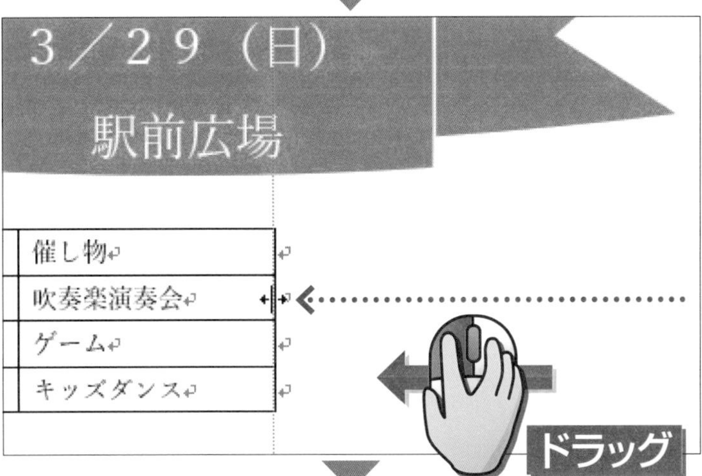

カーソルの形がになったら、左方向に

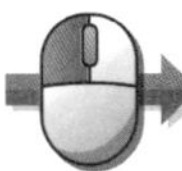

ドラッグします。

3／29（日）
駅前広場

スケジュール	催し物
10：00～11：00	吹奏楽演奏会
11：00～12：00	ゲーム
15：00～16：00	キッズダンス

列幅が変更されました。

ポイント！

行の高さを変える場合は、行の境界線を上下にドラッグします。

表に列や行を追加しよう

表の列や行が足りなくなった場合は、あとから追加できます。
ここでは、3行目と4行目の間に1行追加します。

1 行を追加します

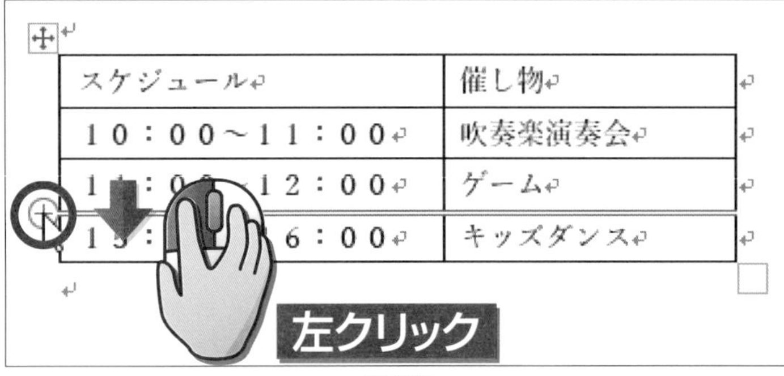

3行目と
4行目の間の左端に
カーソルを移動します。

表示される＋を
左クリックします。

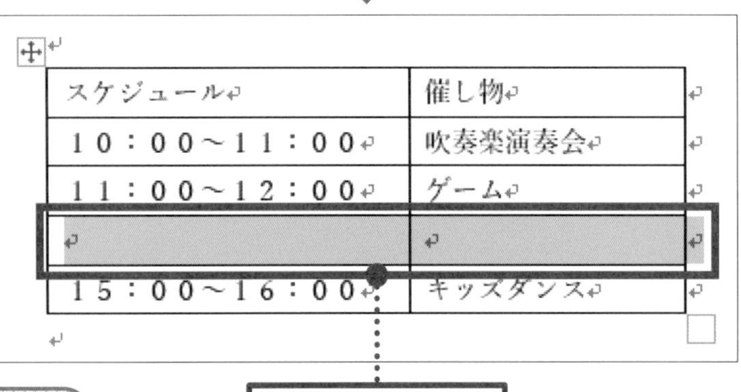

3行目と4行目の間に
行が追加されました。

2 文字を入力します

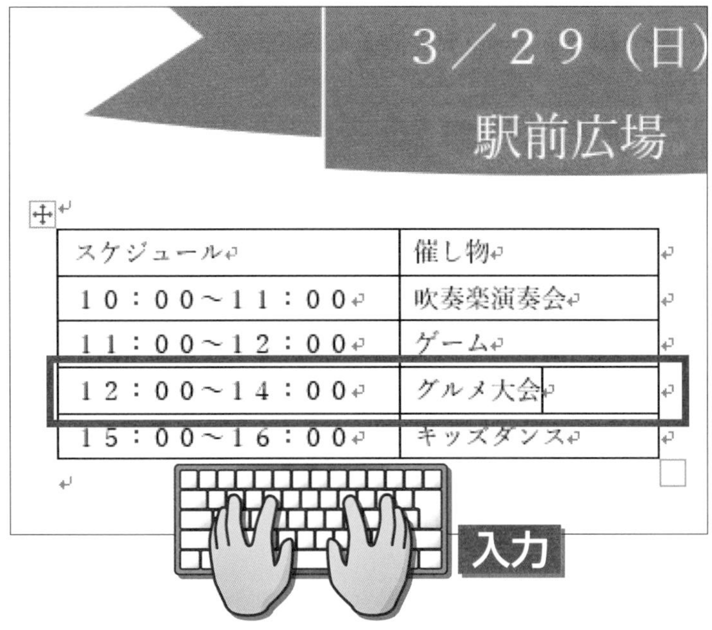

追加した行に、
左の画面のように
文字を
入力します。

コラム 列を追加するには

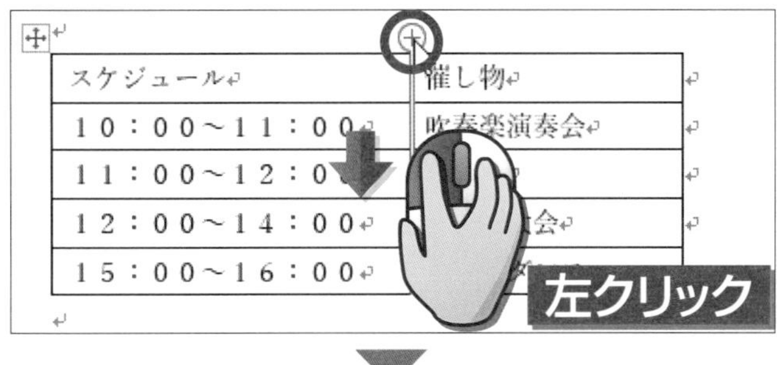

表に列を追加するには、
列を追加したい
境界線の上端に
カーソルを**移動**します。

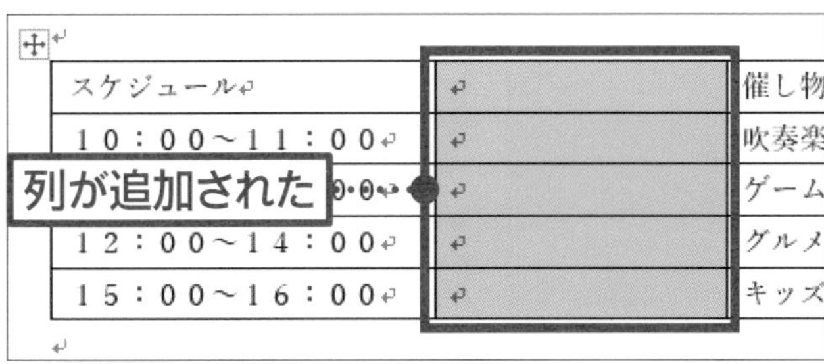

表示される を
左クリックすると、
列が追加されます。

表の列や行を削除しよう

行や列はあとから削除することもできます。
ここでは、表の3行目全体を削除します。

1 削除する行を指定します

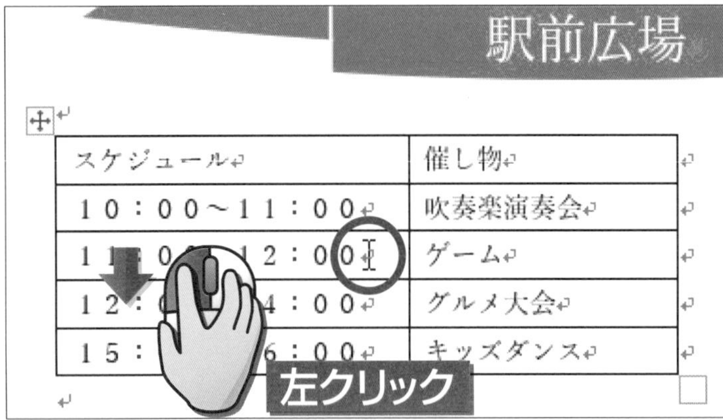

削除したい行を

左クリックします。

ポイント！

ここでは、3行目を左クリックします。

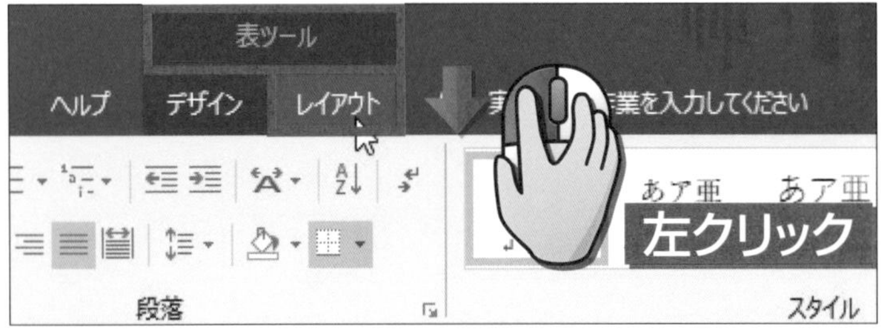

表ツール の

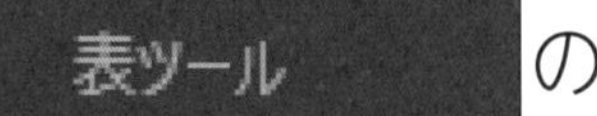

レイアウト を

左クリックします。

2 行を削除します

に

カーソル を移動して、

左クリックします。

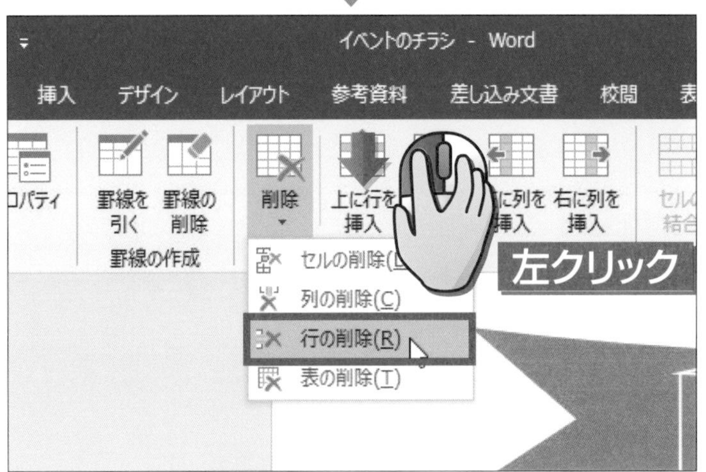

行の削除(R) を

左クリックします。

ポイント!

列を削除する場合は、ここで 列の削除(C) を左クリックします。

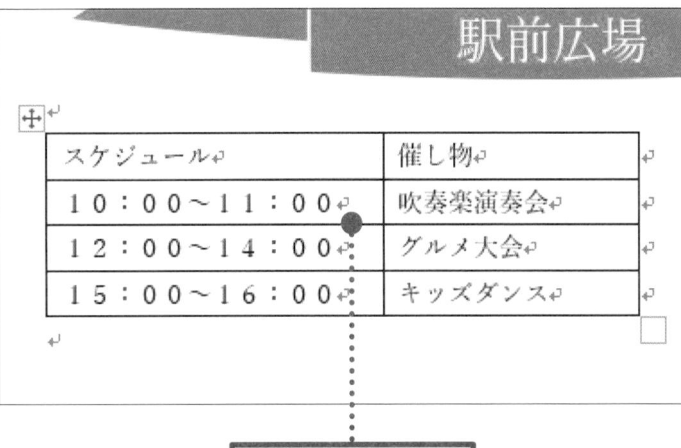

スケジュール	催し物
10：00～11：00	吹奏楽演奏会
12：00～14：00	グルメ大会
15：00～16：00	キッズダンス

行が削除された

選択した3行目が削除されました。

表のデザインを変えよう

表全体のデザインを変更しましょう。
ワードには、スタイルと呼ばれるさまざまなデザインが用意されています。

1 スタイルを適用する準備をします

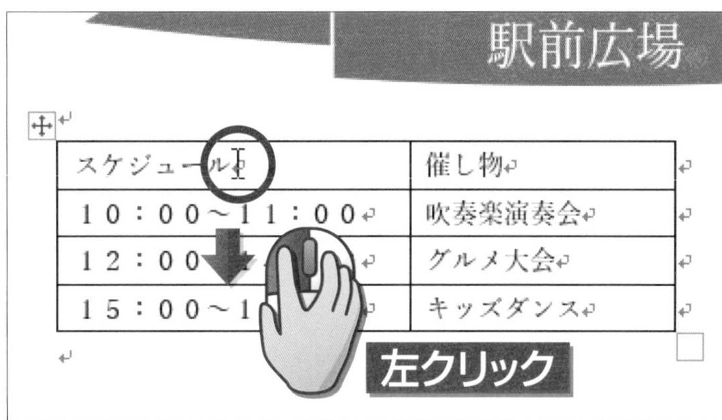

駅前広場
スケジュール
催し物
10：00～11：00
吹奏楽演奏会
グルメ大会
キッズダンス
左クリック

表の内側に カーソル を**移動**して、

左クリックします。

の

デザイン を

左クリックします。

2 スタイルを選びます

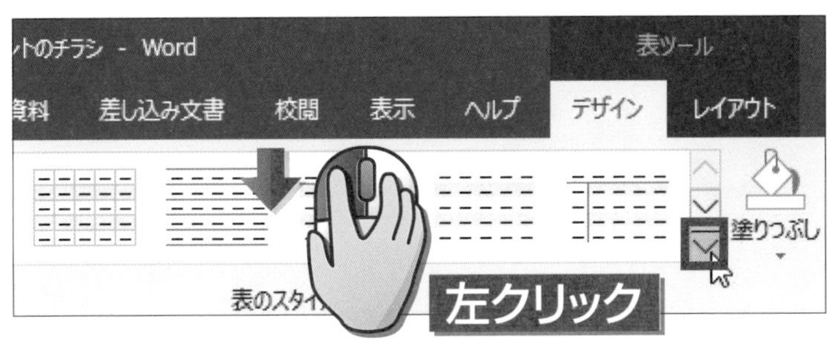

「表のスタイル」の（その他）に

（カーソル）を移動して、

左クリックします。

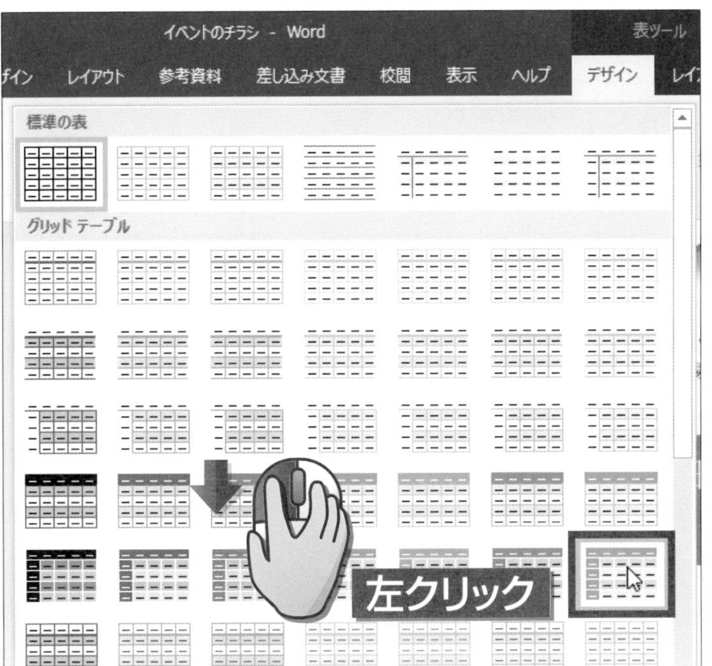

使いたいスタイルを

左クリックします。

ポイント！

表のスタイルとは、表の背景や線、文字の色などを組み合わせたデザインのことです。スタイルを適用することによって、表全体のデザインが変わります。

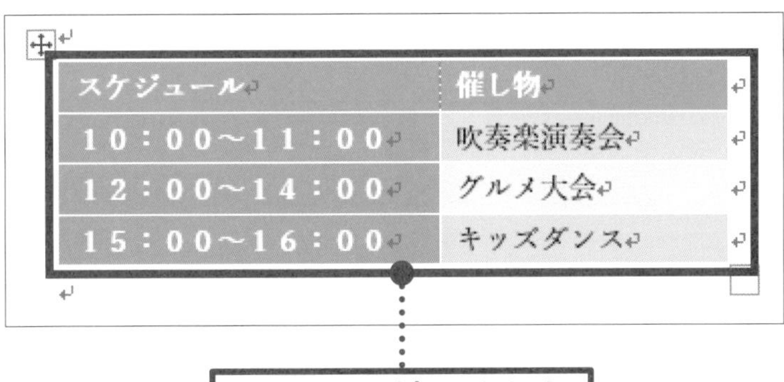

スケジュール
催し物
10：00～11：00
吹奏楽演奏会
12：00～14：00
グルメ大会
15：00～16：00
キッズダンス
スタイルが適用された

表にスタイルが適用されました。

見出しを中央に配置しよう

表の先頭行の見出しの文字を中央に揃えます。
行を選択して、配置を選択します。

1 配置を変更する準備をします

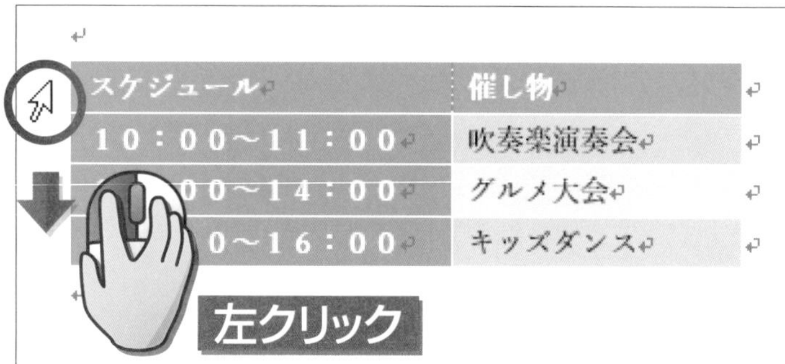

表の先頭行の左端に カーソル を移動して、左クリックします。

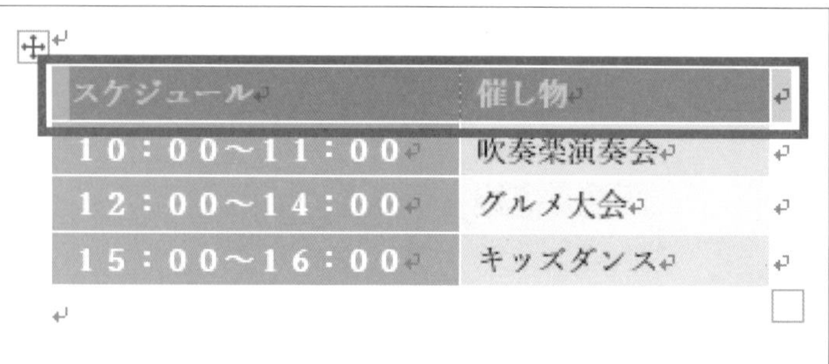

先頭行全体が選択されます。

2 配置を変更します

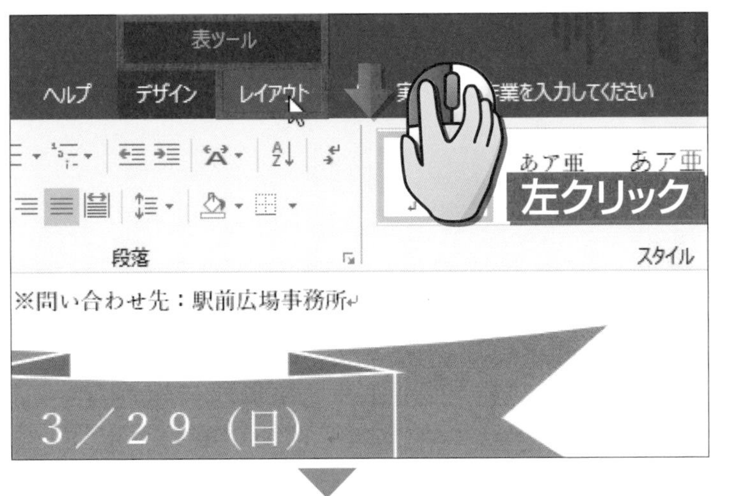

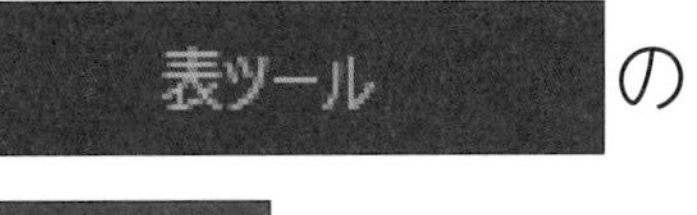

の
レイアウト を
左クリックします。

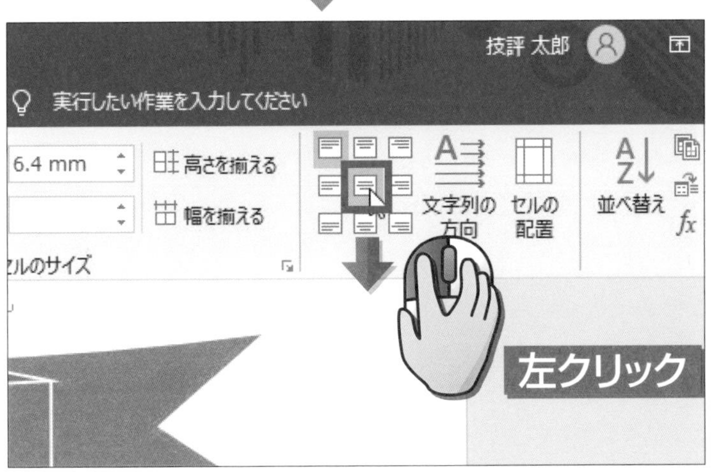

中央揃え

を
左クリックします。

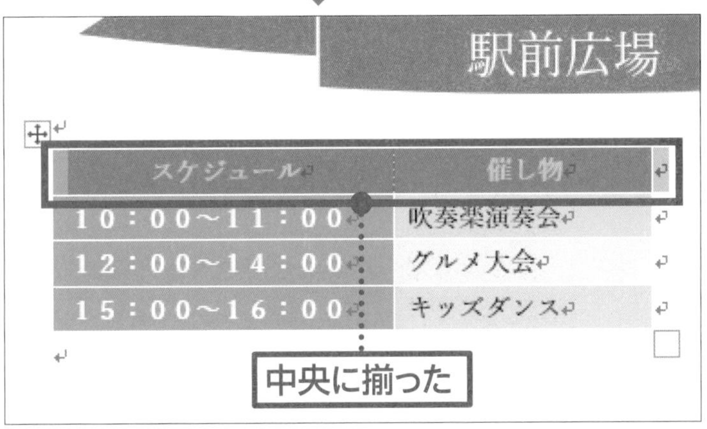

表の先頭行の見出しが中央に揃いました。

表の配置を変更しよう

表全体の位置を文書の中央に揃えます。
表全体を選択し、配置を選びましょう。

操作

移動
▸P.012
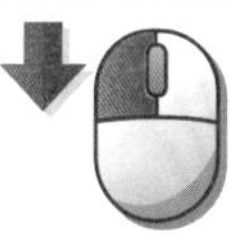
左クリック
▸P.013

1 表全体を選択します

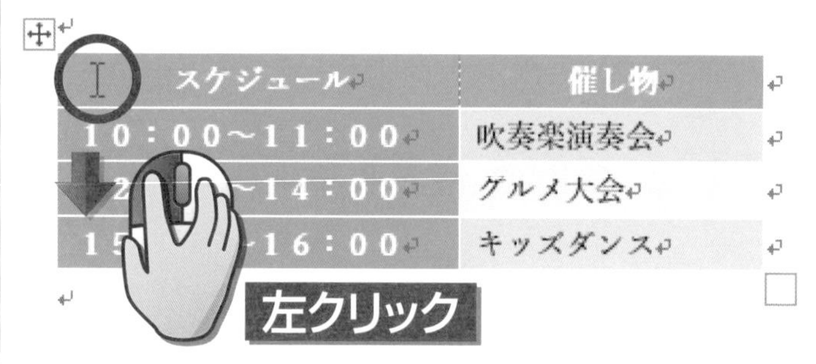

表の内側に

カーソル を**移動**して、

左クリックします。

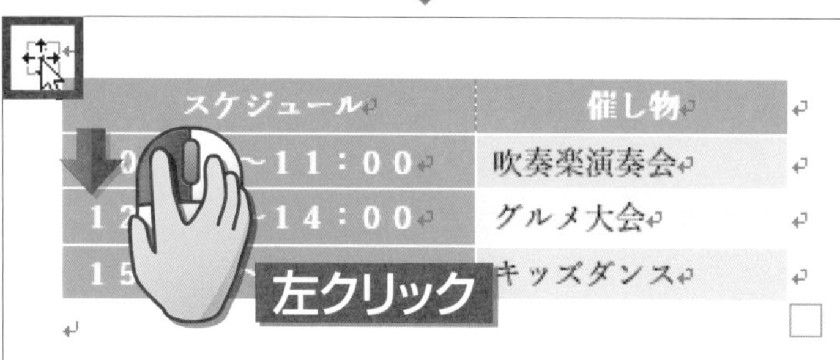

表の左上の

を

左クリックします。

2 表の配置を指定します

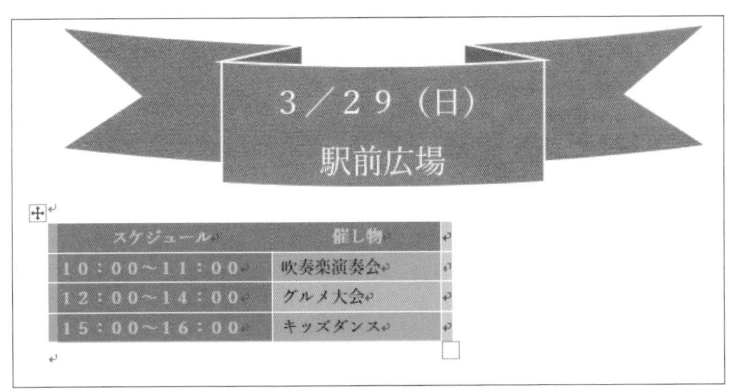

スケジュール	催し物
10：00～11：00	吹奏楽演奏会
12：00～14：00	グルメ大会
15：00～16：00	キッズダンス

表全体が
選択されました。

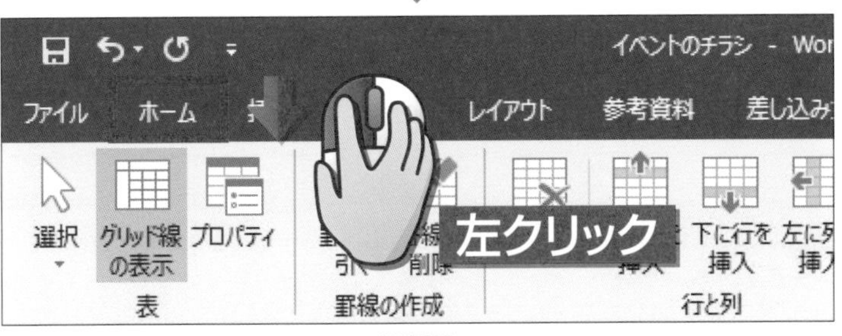

ホーム を

左クリックします。

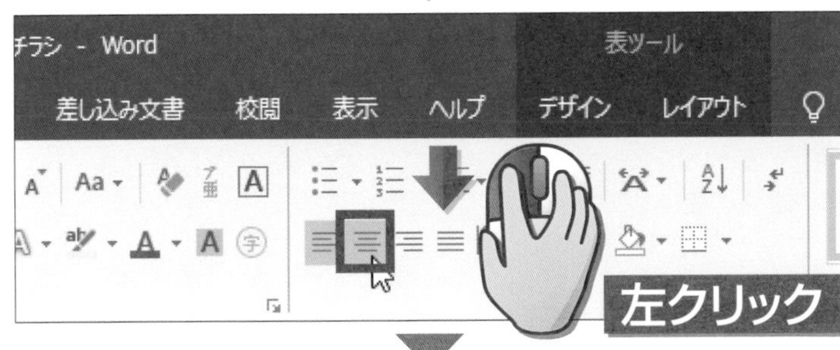

を

左クリックします。

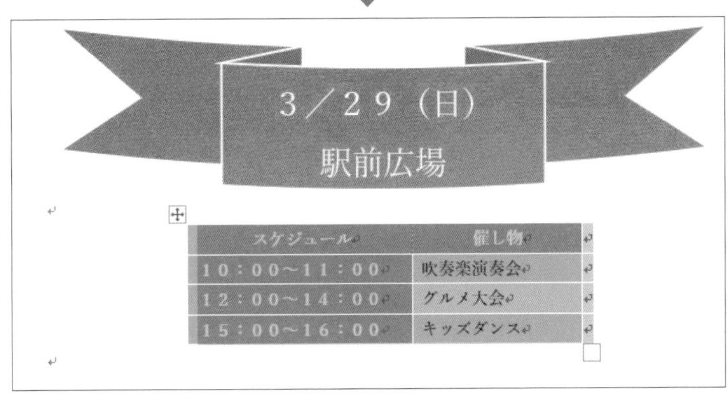

スケジュール	催し物
10：00～11：00	吹奏楽演奏会
12：00～14：00	グルメ大会
15：00～16：00	キッズダンス

表が文書の中央に
配置されました。

文書の周囲を枠で飾ろう

文書の周りに飾り枠をつけましょう。
ここでは、花の模様でページ全体を囲みます。

1 設定画面を表示します

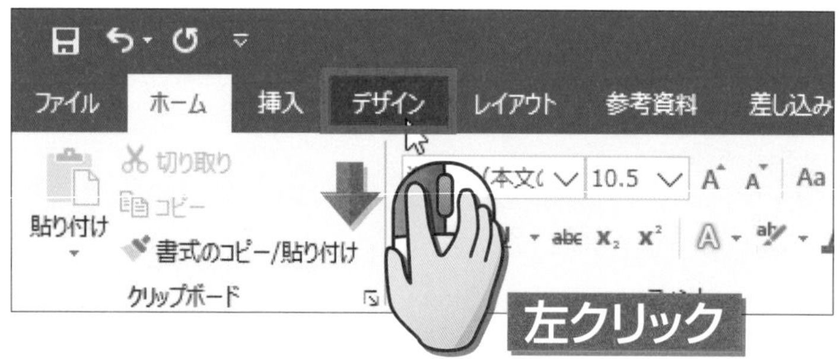

デザイン を

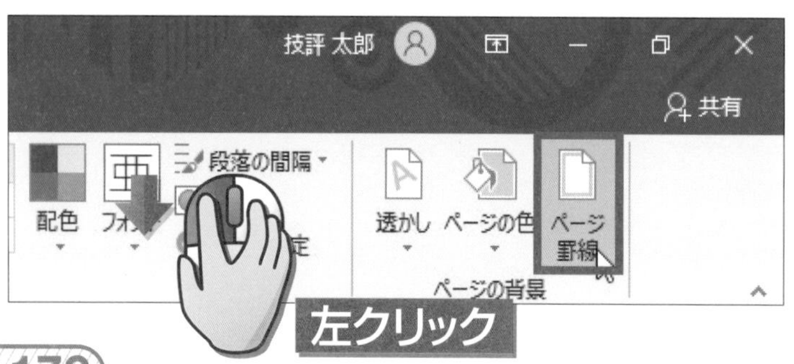

を

2 絵柄を選択する準備をします

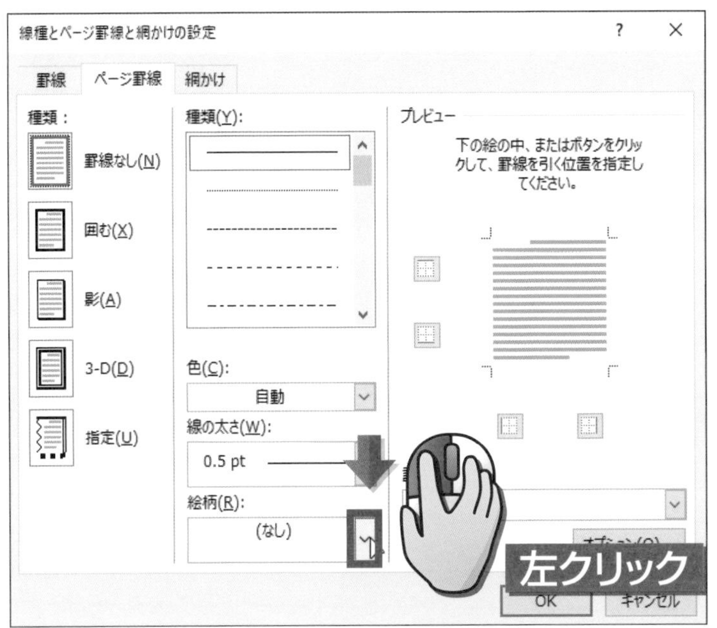

設定画面が表示されます。

絵柄(R): の (なし) の横の ⌄ を

左クリックします。

3 絵柄を探します

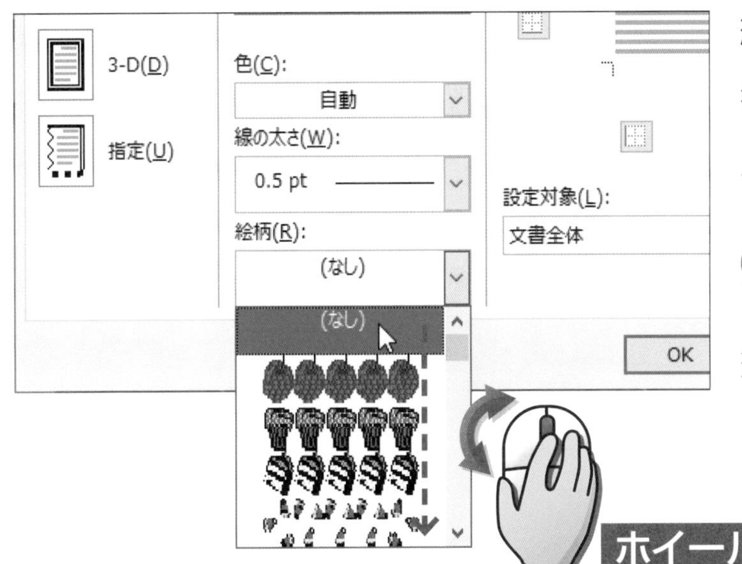

絵柄の一覧が表示されます。

マウスのホイールを回転させて、絵柄を探します。

次へ >>>

4 絵柄を選択します

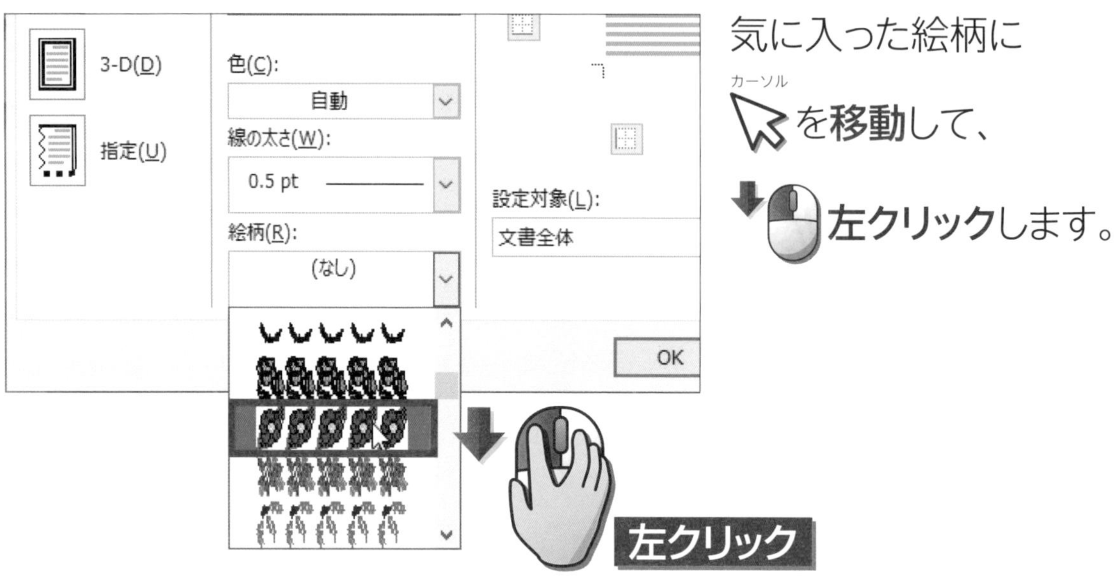

気に入った絵柄に
カーソルを移動して、
左クリックします。

5 絵柄が選択されました

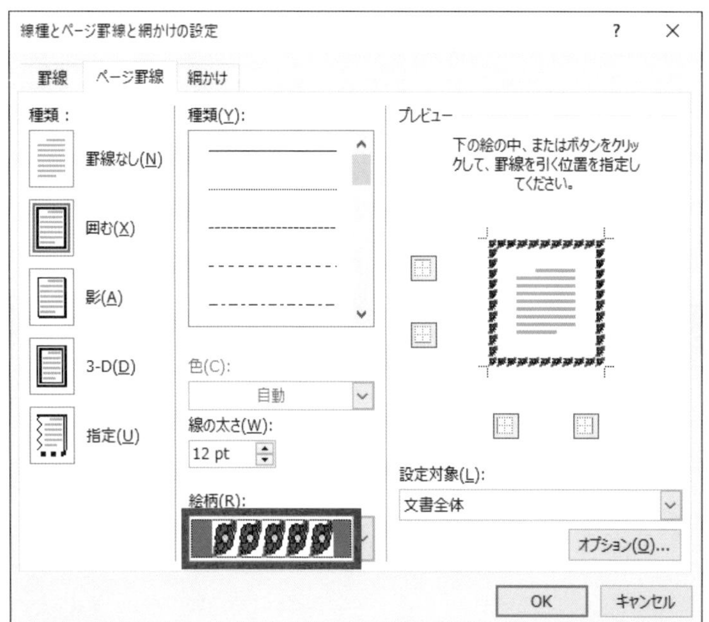

絵柄が選択されました。

種類(Y): の中の罫線を選択すると、ふつうの線で文書全体を囲むことができるよ！

6 設定画面を閉じます

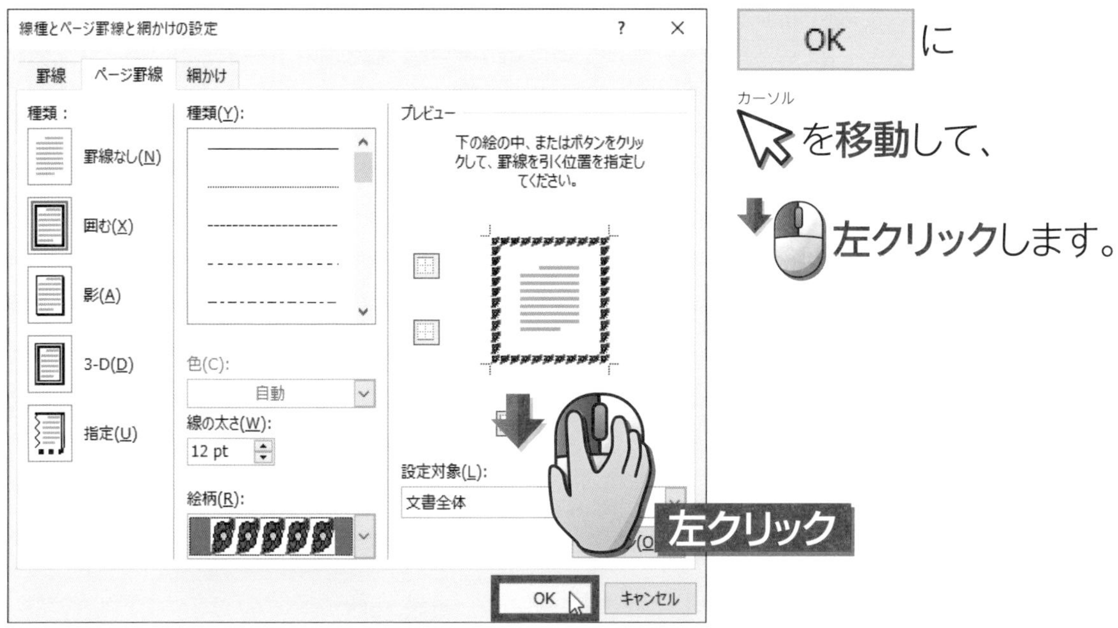

OK に

カーソルを移動して、

左クリックします。

7 枠が表示されました

用紙全体が、
選択した絵柄で
囲まれます。

ポイント！

56ページの方法で、上書き保存しておきます。

作成した文書を印刷しよう

作成した文書を印刷します。
印刷前には、印刷イメージを表示して確認します。

操作  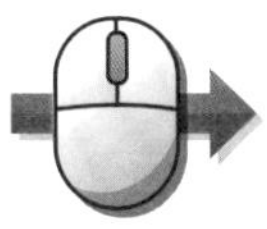 移動 ▶P.012 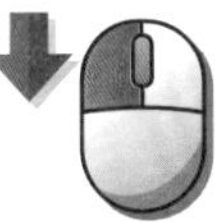 左クリック ▶P.013  入力 ▶P.016

1 印刷イメージを表示します

108ページの方法で、印刷イメージを表示します。

あらかじめプリンターとパソコンを接続し、プリンターの電源を入れておいてください！

2 部数を指定します

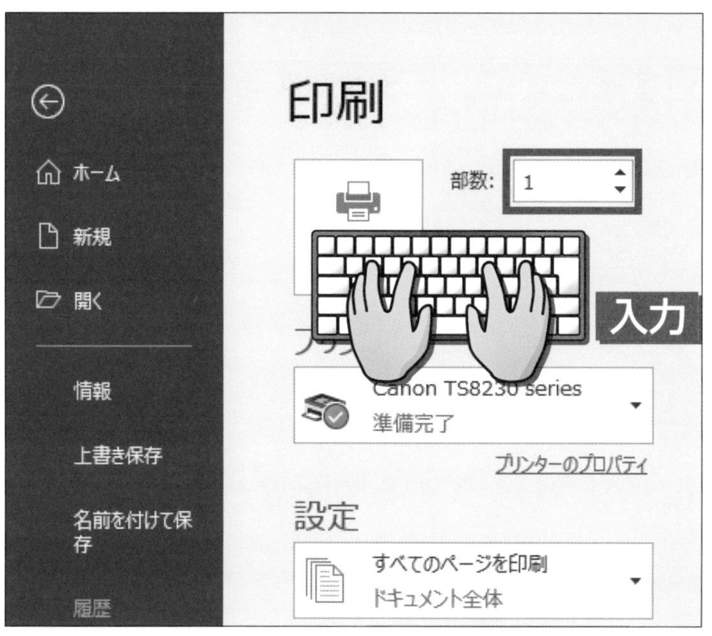

部数: の右側に、

印刷部数を

入力します。

3 印刷を実行します

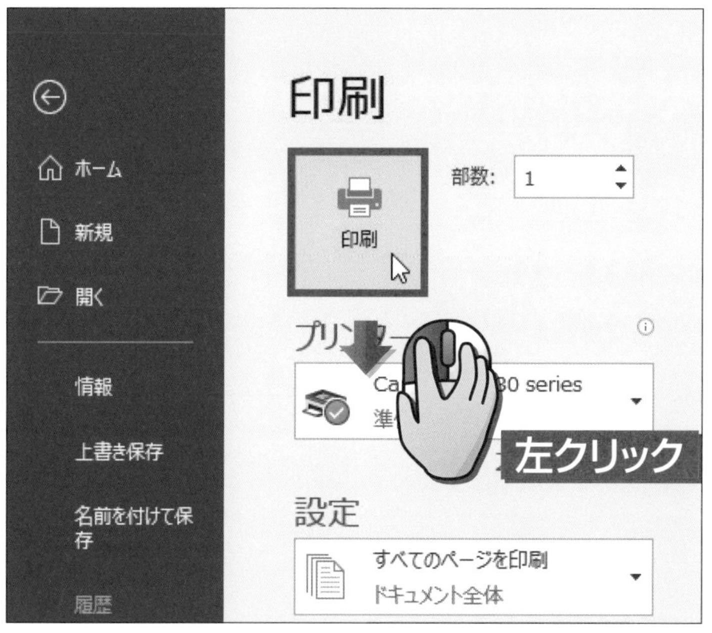

印刷 に

カーソルを移動して、

左クリックします。

印刷が行われます。

32ページの方法でワードを終了します。

第8章　練習問題

1列目の列幅を変更するときに、ドラッグする場所はどこですか?

スケジュール	催し物
１０：００～１１：００	吹奏楽演奏会
１２：００～１４：００	グルメ大会
１５：００～１６：００	キッズダンス

❶　❷　❸

2　行を追加するときに、左クリックする場所はどれですか?

❶ 
❷ 
❸ 

3　文書の周囲を枠で飾るときに、左クリックするボタンはどれですか?

❶
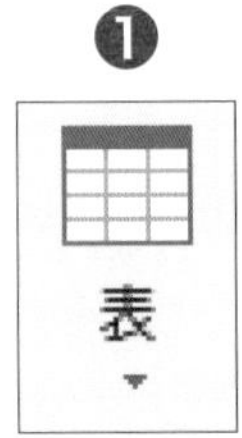

❷

❸
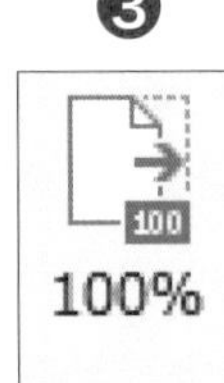

第9章

9 縦書きの文書を作ろう

この章で学ぶこと

- 文字を縦書きにできますか?
- 文書全体の文字の大きさを変更できますか?
- 縦書きの中の数字を横に並べられますか?
- 文字を中央に揃えられますか?

この章でやることを知っておこう

この章では、縦書きの文書を作成します。
縦書きで文字を入力したり、文字の配置を整えたりする方法を知りましょう。

手順❶　文字列の方向を縦にする

縦書きの文書を作成するには、
文字列の方向を縦書きに変更します。

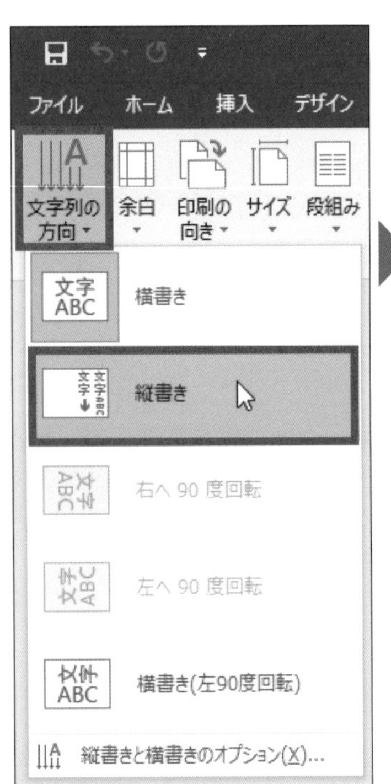

縦書きになっても、横書きのときに習った入力や書式、配置の方法は同じだよ！

手順❷　縦書きで文字を入力にする

会員の皆様へ
散策会のご案内

すっかり春らしい季節となりました。皆様はいかがお過ごしでしょうか。
さて、毎年恒例となりました「散策会」を今年も開催することとなりました。今年は、先日オープンした話題の水族館にも立ち寄ります。
皆様お誘いあわせの上、ぜひご参加ください。

日時　4月5日　午前9時~午後3時
会費　3千円
定員　50人

※申し込み予約は、事務局までお願いします。定員になり次第、予約受付を終了させていただきますので、お早目にお申し込みください。
事務局（渡辺）

縦書きの文書に
文字を入力します。

縦書きの文書に文字を入力する

手順❸　文字の書式と配置を整える

会員の皆様へ

散策会のご案内

すっかり春らしい季節となりました。皆様はいかがお過ごしでしょうか。
さて、毎年恒例となりました「散策会」を今年も開催することとなりました。今年は、先日オープンした話題の水族館にも立ち寄ります。
皆様お誘いあわせの上、ぜひご参加ください。

日時　4月5日　午前9時~午後3時
会費　3千円
定員　5 0 人

※申し込み予約は、事務局までお願いします。定員になり次第、予約

文字の書式や配置を
整えて、
文書を完成させます。

書式と配置を整える

縦書き文書を作ろう

縦書き文書を作成するには、文字列の方向を変更します。
ここでは、文字を入力する前に、文字の方向を変更します。

1 新規文書を準備します

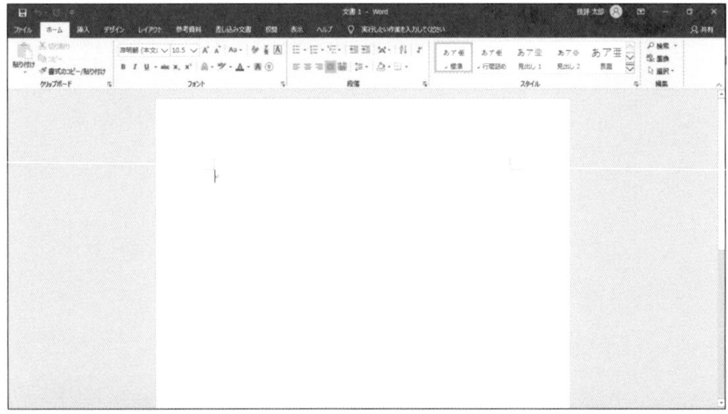

20ページの方法でワードを起動し、新規文書を作成します。

レイアウトを左クリックします。

2 文字列の方向を変更します

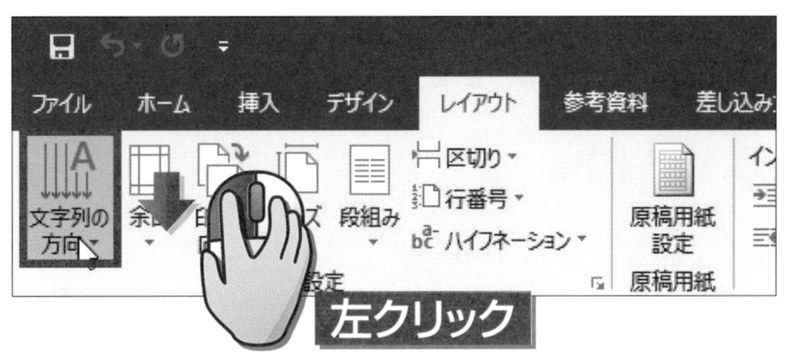

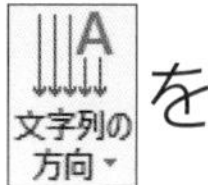を

左クリックします。

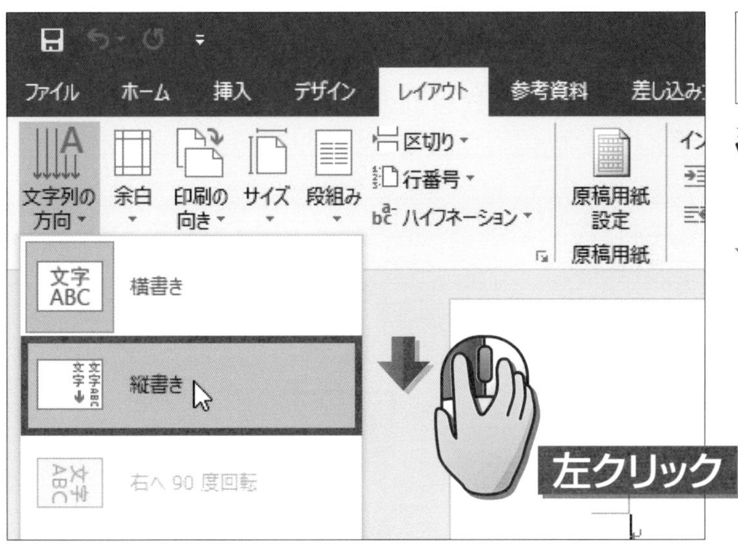

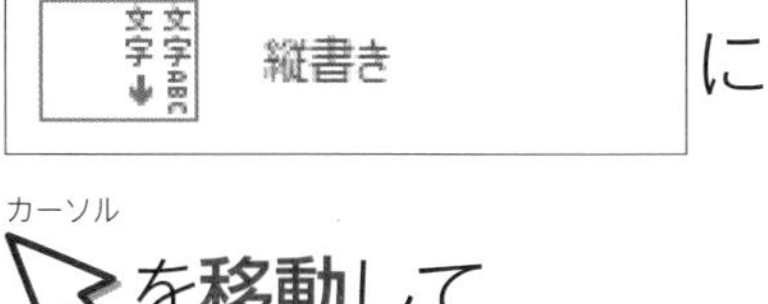に

カーソルを移動して、

左クリックします。

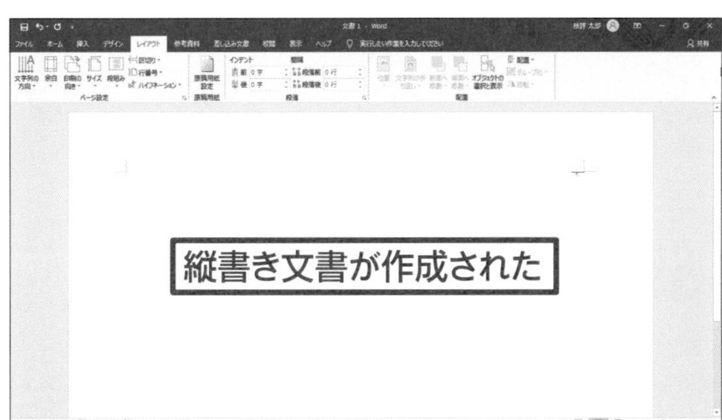

縦書き文書が
作成されました。

ポイント!

28ページの方法で、文書を保存します。文書の名前は「散策会のご案内」にします。

縦書きで文字を入力しよう

縦書き文書で文字を入力します。
横書きの文書と同様に、改行しながら文章を入力できます。

操作 

▶P.016

1 宛先を入力します

「会員の皆様へ」と

入力します。

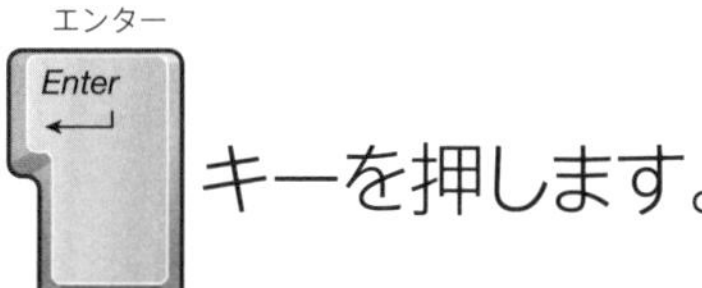

キーを押します。

「散策会のご案内」と

入力します。

ポイント！

画面の表示が小さい場合は、204ページの方法で画面表示を拡大します。

2 改行します

エンター

キーを2回押して、空行を入れます。

3 続きの内容を入力します

会員の皆様へ
散策会のご案内

すっかり春らしい季節となりました。皆様はいかがお過ごしでしょうか。
さて、毎年恒例となりました「散策会」を今年も開催することとなりました。今年は、先日オープンした話題の水族館にも立ち寄ります。
皆様お誘いあわせの上、ぜひご参加ください。

日時　４月５日　午前９時～午後３時
会費　３千円
定員　５０人

※申し込み予約は、事務局までお願いします。定員になり次第、予約受付を終了させていただきますので、お早目にお申し込みください。
事務局（渡辺）

左のように、文字を

入力します。

ポイント！

数字を半角で入力した場合は、数字が 50 のように表示されます。数字を横に並べる方法は、188ページで紹介します。

文書全体の文字の大きさを変更しよう

文字の大きさを変更します。
ここでは、すべての文字をかんたんに選択する方法を使用して操作します。

P.013

1 すべての文字を選択します

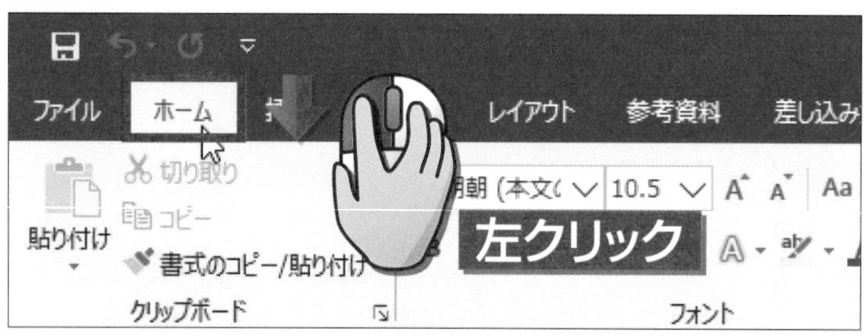

ホーム を左クリックします。

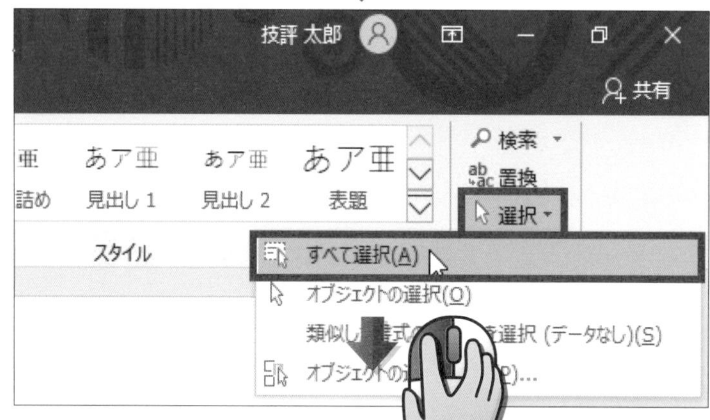

選択 を左クリックします。

すべて選択(A) を左クリックします。

2 文字の大きさを変更します

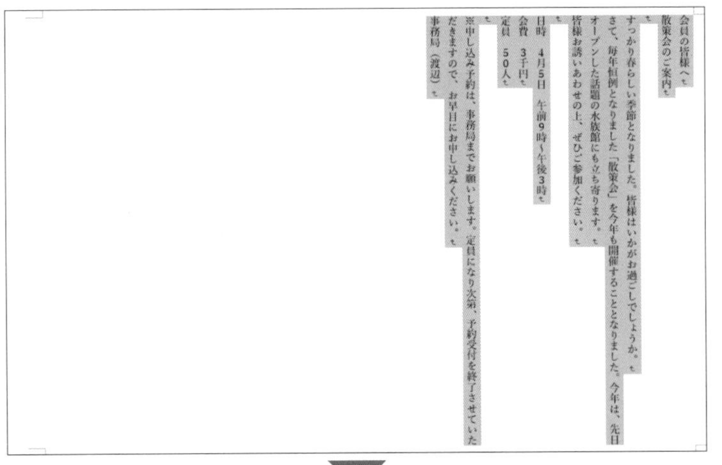

会員の皆様へ
散策会のご案内

すっかり春らしい季節となりました。皆様はいかがお過ごしでしょうか。
さて、毎年恒例となりました「散策会」を今年も開催することとなりました。今年は、先日オープンした話題の水族館にも立ち寄ります。
皆様お誘いあわせの上、ぜひご参加ください。

日時　4月5日　午前9時～午後3時
会費　3千円
定員　50人

※申し込み予約は、事務局までお願いします。定員になり次第、予約受付を終了させていただきますので、お早目にお申し込みください。
事務局（渡辺）

すべての文字が選択されます。

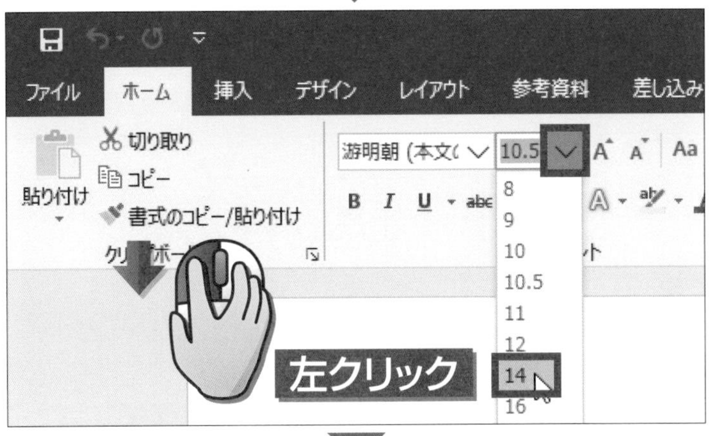

フォントサイズ 10.5 ∨ の右側の ∨ を左クリックします。

文字の大きさ（「14」）を左クリックします。

会員の皆様へ
散策会のご案内

すっかり春らしい季節となりました。皆様はいかがお過ごしでしょうか。
さて、毎年恒例となりました「散策会」を今年も開催することとなりました。今年は、先日オープンした話題の水族館にも立ち寄ります。
皆様お誘いあわせの上、ぜひご参加ください。

日時　4月5日　午前9時～午後3時
会費　3千円
定員　50人

※申し込み予約は、事務局までお願いします。定員になり次第、予約受付を終了させていただきますので、お早目にお申し込みください。
事務局（渡辺）

文字の大きさが変わりました。

文字の大きさが変わった

数字を横に並べよう

縦書き文書で数字を全角文字で入力すると、数字が縦に並びます。
数字を横に並べるには、書式を設定します。

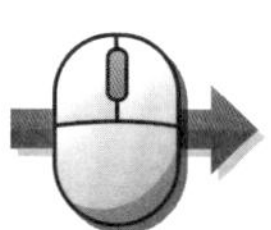
移動
▶P.012

左クリック
▶P.013

ドラッグ
▶P.015

1 数字を選択します

日時　４月５日　午前
～午後３時
会費　３千円
定員　５０人

※申し込み予約は、事務局までお願いし
受付を終了させていただきますので、お

ドラッグ

「50」の上を

ドラッグして、

文字を選択します。

ポイント！

数字を半角で入力すると、数字が 50 のように表示されます。その場合も、このページの方法で数字を横に並べることができます。

2 数字を横に並べます

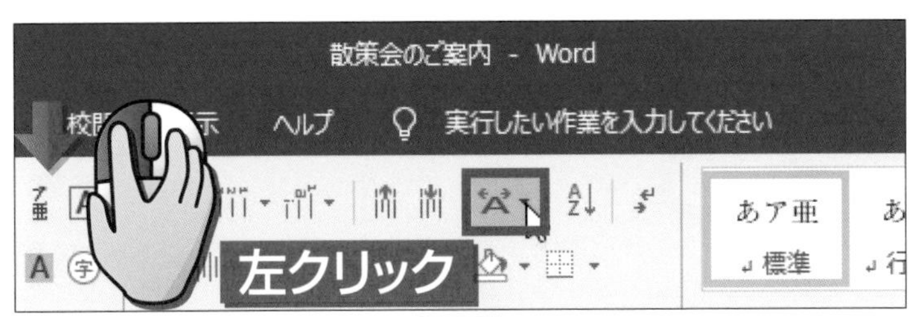

拡張書式

 を

左クリックします。

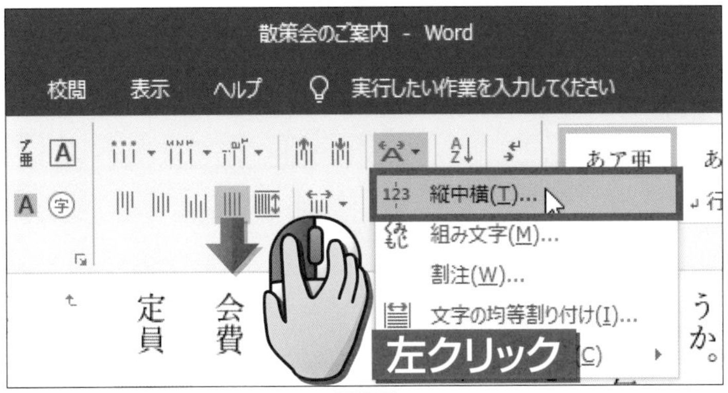

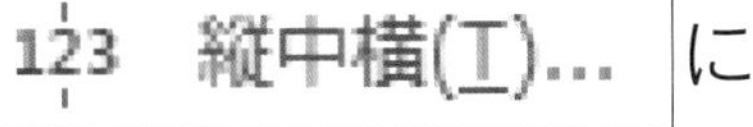 に

カーソル

を移動して、

左クリックします。

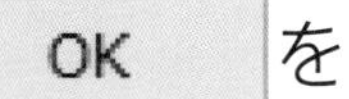 を

左クリックします。

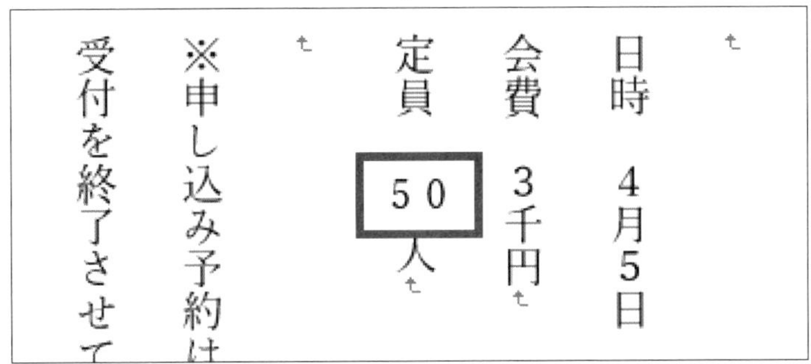

選択していた数字が横に並びます。

文字の配置を揃えよう

縦書きの文字の配置を整えましょう。
タイトルを行の中央に、差出人を下に揃えます。

操作  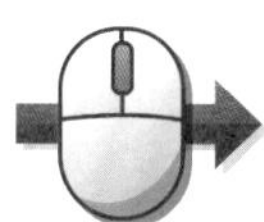 移動 ▶P.012 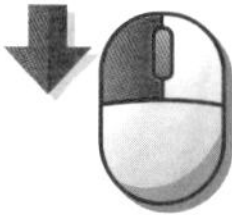 左クリック ▶P.013

1 タイトルの段落を選択します

会員の皆様へ
散策会のご案内

すっかり春ら　なりました。皆様はいかがお過ごしでしょうか。
さて、毎年恒　なりました「散策会」を今年も開催することとなりました。今年は、先日オープンした話題の水族館にも立ち寄ります。皆様お誘いあわせの上、ぜひご参加ください。

日時　4月5日　午前9時～午後3時
会費　3千円
定員　50人

配置を変えたい文章にカーソル I を移動して、左クリックします。

ポイント！
ここでは「散策会のご案内」の行を左クリックしています。

2 タイトルを中央に揃えます

を左クリックします。

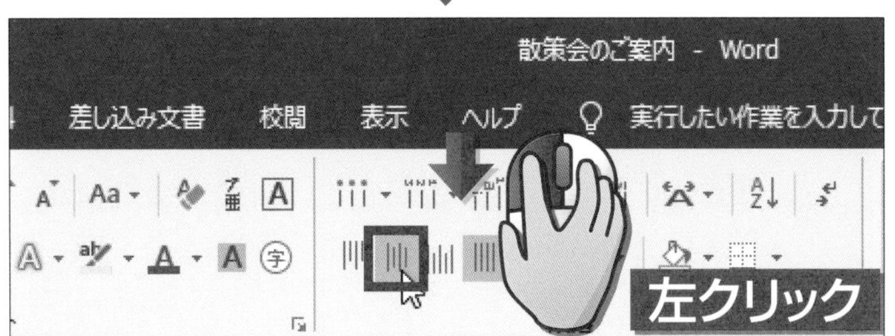

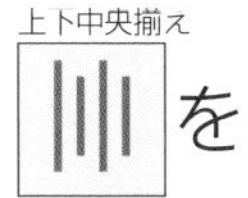

を左クリックします。

3 タイトルが中央に揃いました

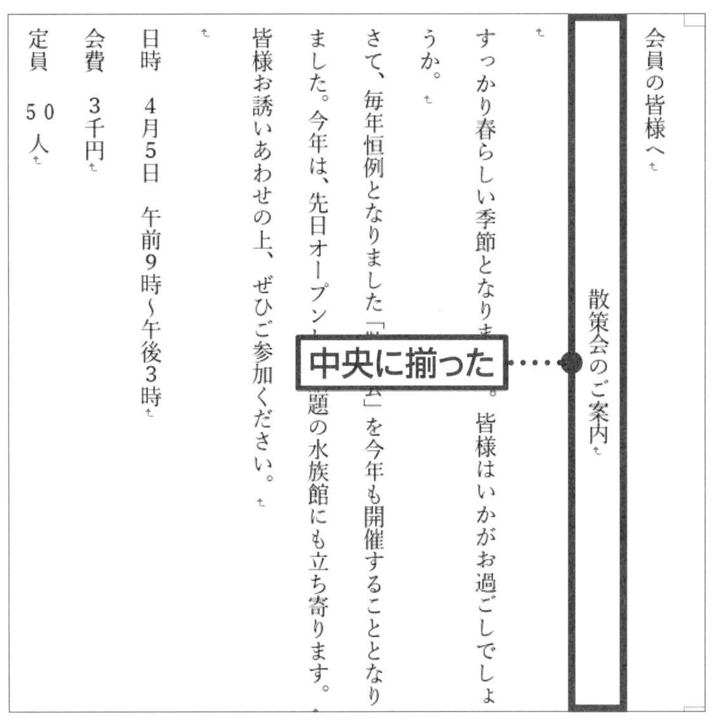

「散策会のご案内」の行が、
中央に揃いました。

4 差出人の段落を下に揃えます

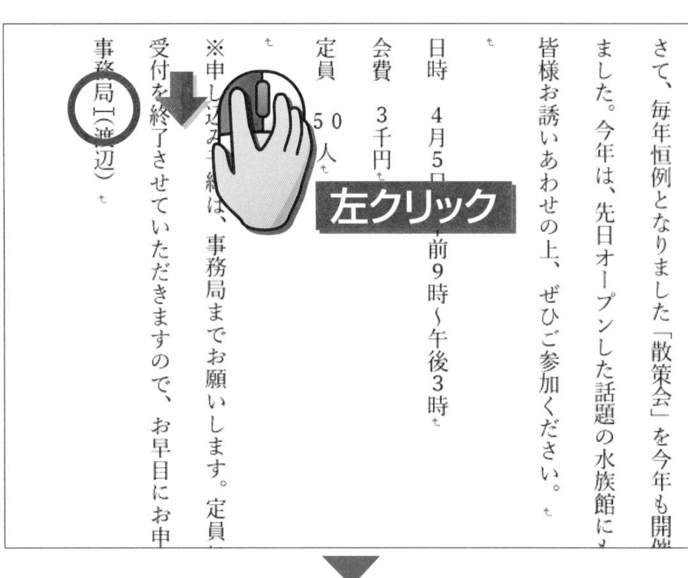

さて、毎年恒例となりました「散策会」を今年も開催
ました。今年は、先日オープンした話題の水族館にも
皆様お誘いあわせの上、ぜひご参加ください。
日時　4月5日
前9時～午後3時
会費　3千円
定員　50人
※申し込み
は、事務局までお願いします。定員
受付を終了させていただきますので、お早目にお申
事務局（渡辺）
左クリック

配置を変えたい文章を

左クリックします。

ポイント！

ここでは「事務局（渡辺）」の行で左クリックしています。

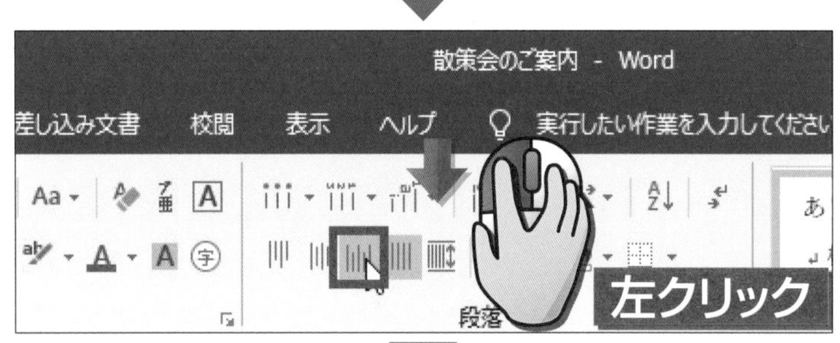

下揃え を左クリックします。

「事務局（渡辺）」が下に揃いました。

ポイント！

56ページの方法で上書き保存して、ワードを終了します。

コラム 配置を元に戻したいときは?

自分の意図通りに文字が配置されないときや、
配置を元に戻したいときは、

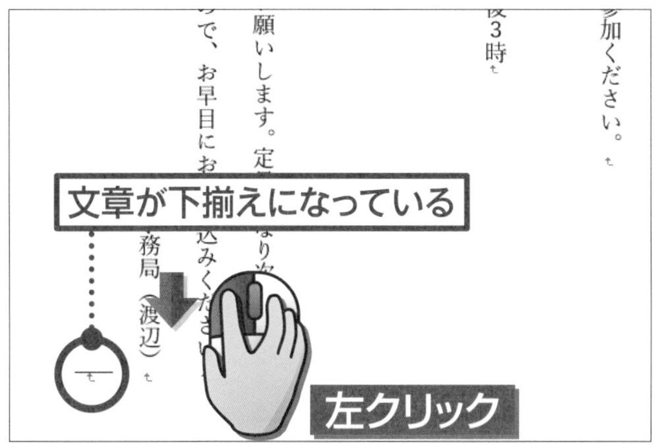

配置を戻したい文章を

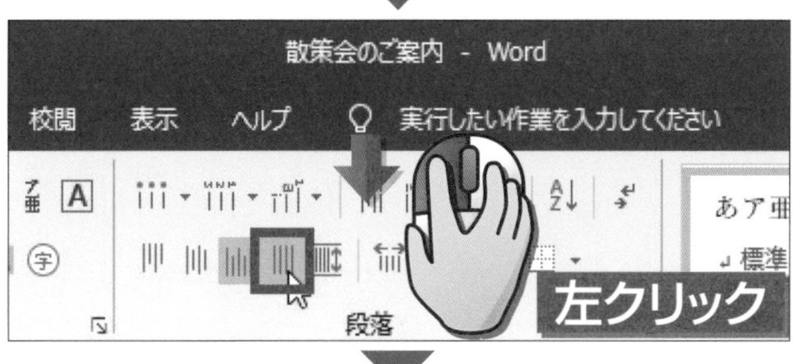

を

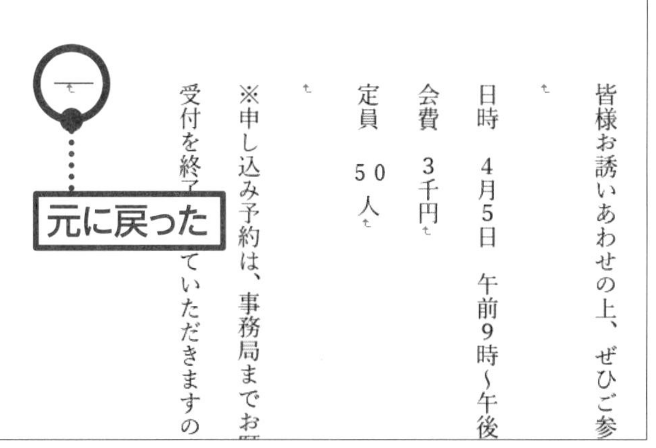

行の上端から文字を
入力できるように
なります。

第9章　練習問題

1 縦書き文書を作成するときに、左クリックするボタンはどれですか？

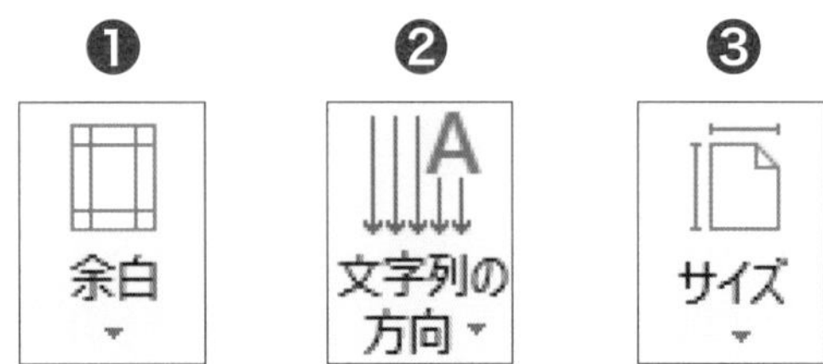

2 縦書き文書で数字を横に並べるときに、左クリックする項目は次のうちのどれですか？

3 縦書き文書で、文字を下に揃えるときに、左クリックするボタンはどれですか？

❶　❷　❸

付録

ワードの困った!を解決しよう

この章で学ぶこと

- 操作を元に戻す方法を知っていますか?
- 用紙の余白の大きさを変更できますか?
- ワードをかんたんに起動できますか?
- 画面の表示を拡大／縮小できますか?
- 文字をコピーしたり移動したりできますか?

間違った操作を取り消そう

間違った操作をしてしまっても、慌てる必要はありません。
直前の操作ならば、操作前の状態に戻してやり直すことができます。

操作

1 間違った操作を実行してしまったら

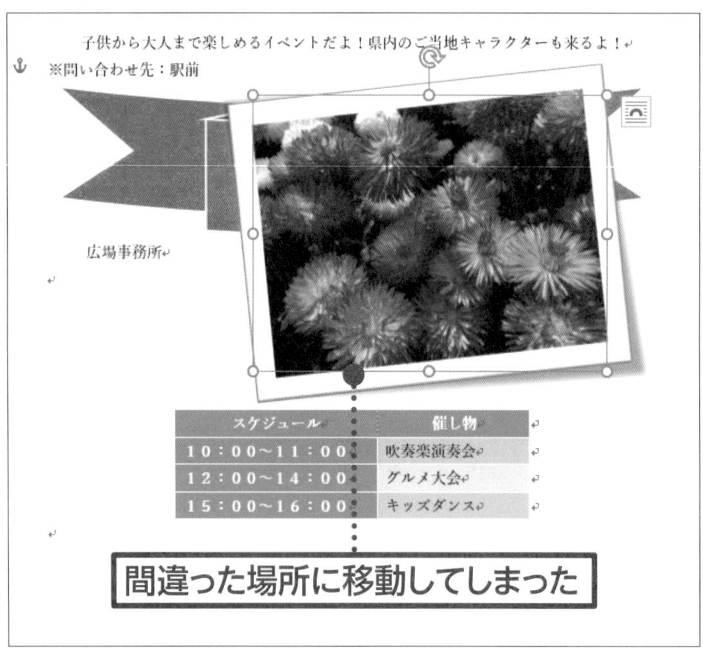

子供から大人まで楽しめるイベントだよ！県内のご当地キャラクターも来るよ！
※問い合わせ先：駅前
広場事務所
スケジュール
催し物
10：00～11：00
吹奏楽演奏会
12：00～14：00
グルメ大会
15：00～16：00
キッズダンス
間違った場所に移動してしまった

写真を間違って移動してしまったとします。

操作を行った直後なら、操作を取り消して元の状態に戻すことができます！

2 操作前の状態に戻します

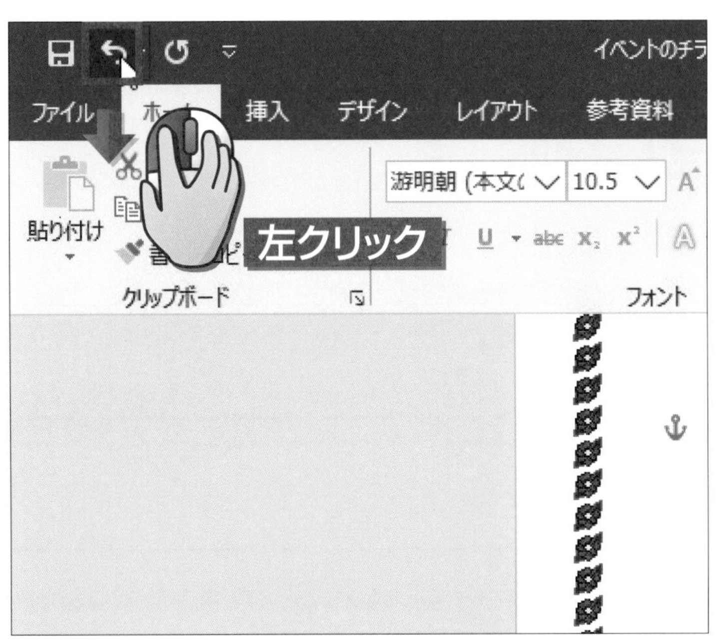

元に戻す

 に

カーソル

を移動して、

左クリックします。

3 操作前の状態に戻りました

元の場所に戻った

写真が元の場所に戻りました。

ポイント！

↶ を1回左クリックするたびに、さらに1つ前の状態に戻ります。操作を戻し過ぎてしまった場合は、隣にある ↷ を左クリックすると、元に戻す前の状態に戻せます。

文書の余白を調整しよう

用紙の上下左右の余白の大きさは、一覧から選択して変更できます。
ここでは、余白を調整する方法を紹介します。

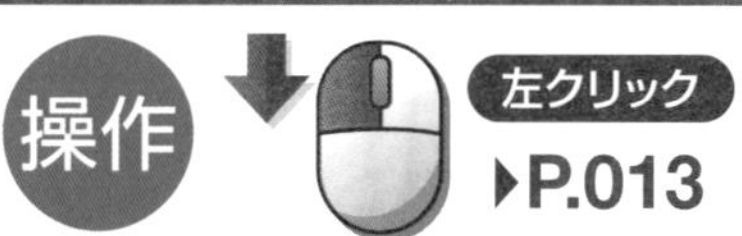

▶P.013

1 新規文書を準備します

余白の大きさは、
文書の四隅に
表示されています。

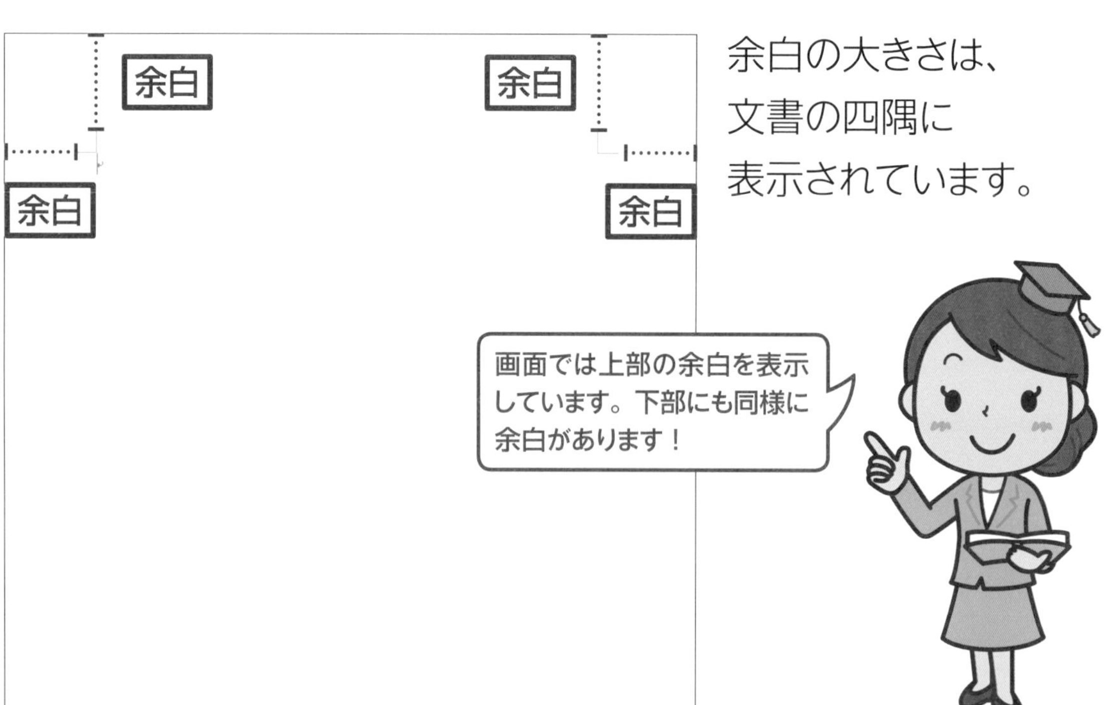

2 余白を調整します

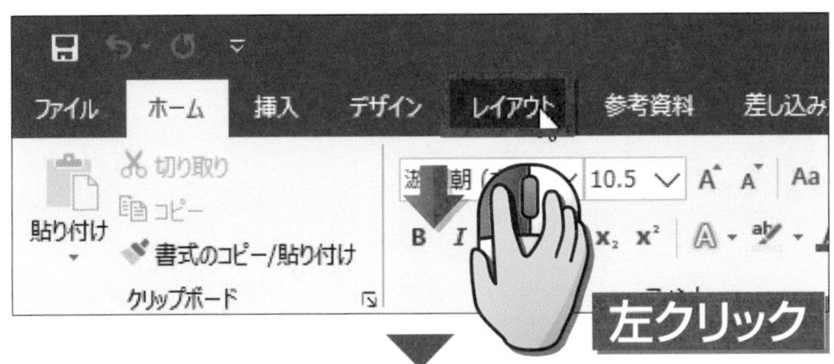

レイアウト を

左クリックします。

を

左クリックします。

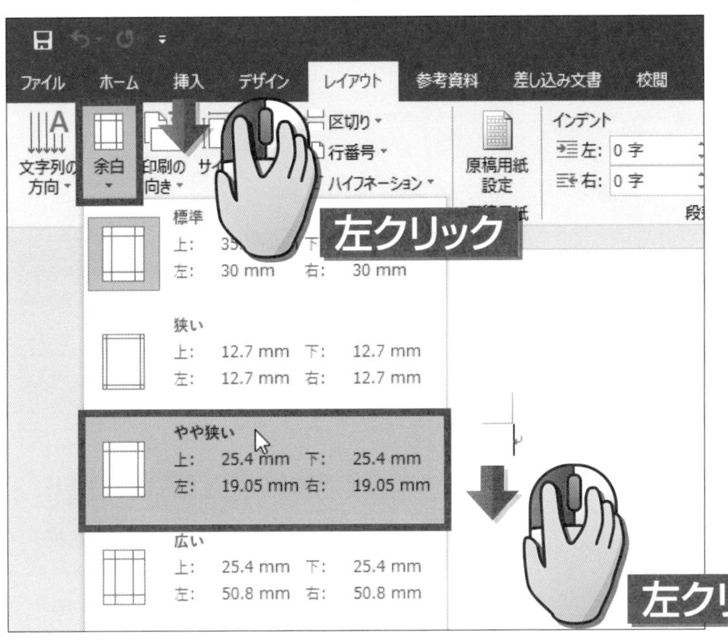

余白の大きさ（ここでは「やや狭い」）を、

左クリックします。

余白の大きさが変わった

余白の大きさが狭くなり、文章を入力できる範囲が広くなりました。

ワードをかんたんに起動しよう

タスクバーにワードを起動するボタンを表示します。
アプリの一覧から、ワードのアプリを探す手間が省けて便利です。

1 アプリの一覧を表示します

20ページの方法で、ワードのアイコンを探します。

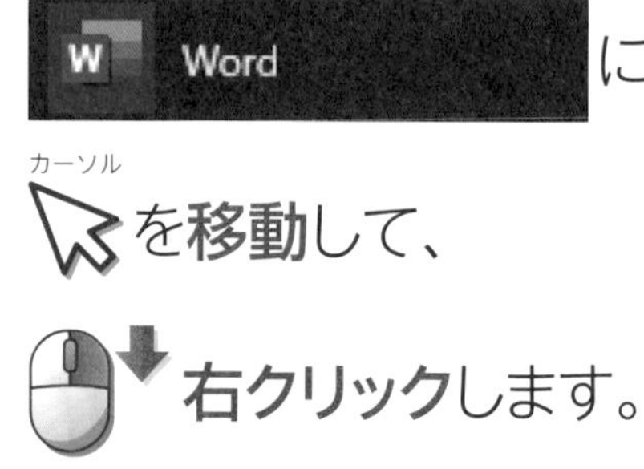

に カーソルを移動して、右クリックします。

2 ワードをタスクバーに登録します

その他 → タスク バーにピン留めする

の順番に

左クリックします。

3 ワードがタスクバーに登録されました

タスクバーに

ワード が追加されました。

タスクバーの ワード を

左クリックすると、

ワードが起動します。

作成した文書を削除しよう

不要になったファイルは、削除できます。
削除したファイルは、ごみ箱の中に入ります。

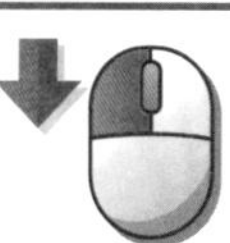

左クリック ▶P.013

1 ドキュメントフォルダーを表示します

を

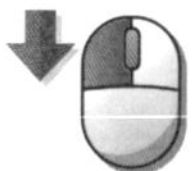
左クリックします。

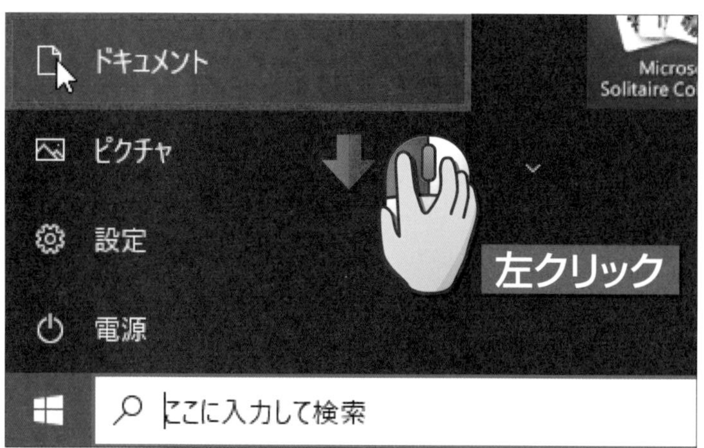

ドキュメント に

カーソル

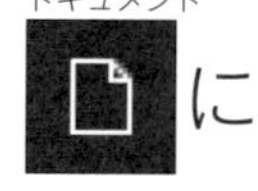
を移動して、

2 ファイルを削除します

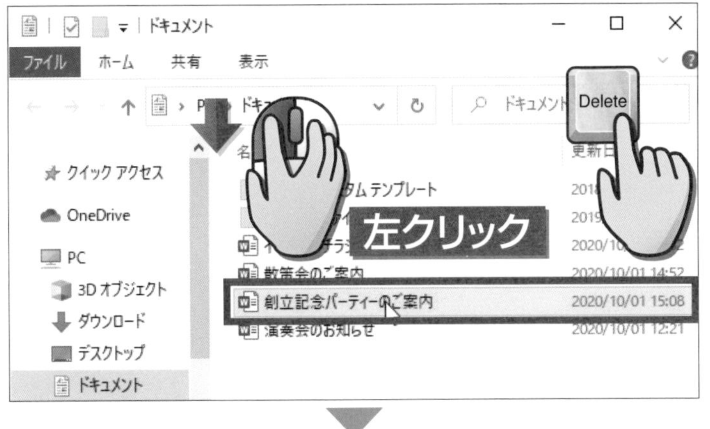

ドキュメントフォルダーの中身が表示されます。

削除するファイルを

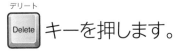

左クリックし、

Delete（デリート）キーを押します。

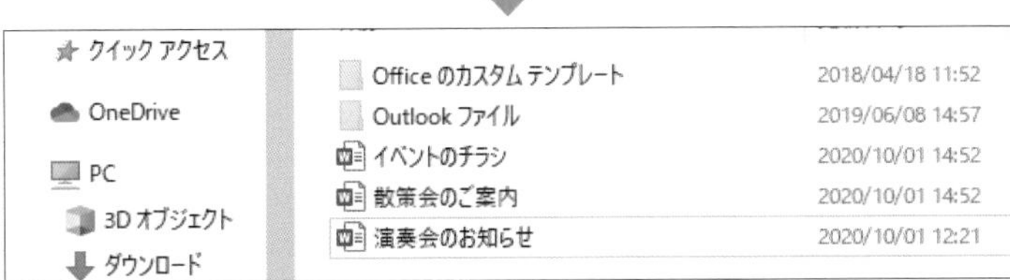

ファイルが削除されます。

コラム ごみ箱のファイルをすべて削除する

削除したファイルは、ごみ箱に保管されています。ごみ箱に入ったファイルをすべて削除するには、次のように操作します。

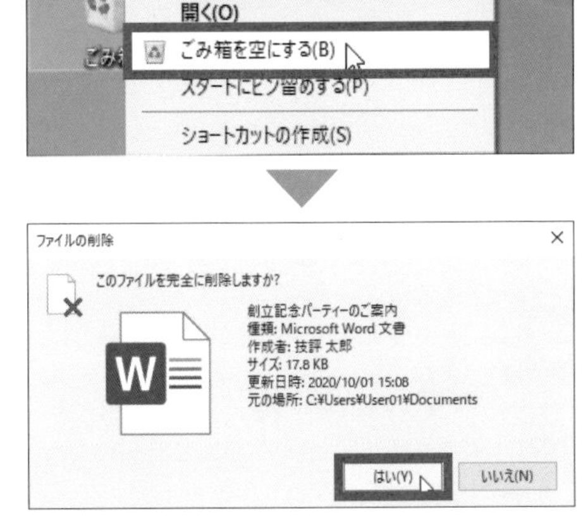

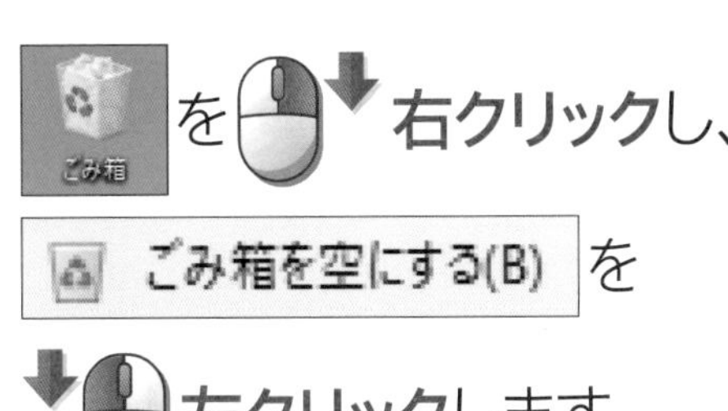

を右クリックし、

ごみ箱を空にする(B) を

左クリックします。

はい(Y) を

左クリックします。

画面の表示を拡大／縮小しよう

画面の表示倍率は変更できます。
文字が見づらい場合は、拡大して表示しましょう。

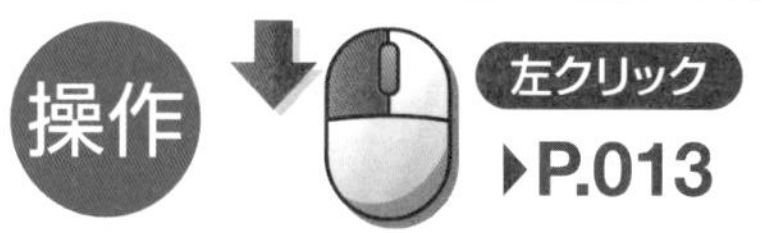

1 表示を拡大します

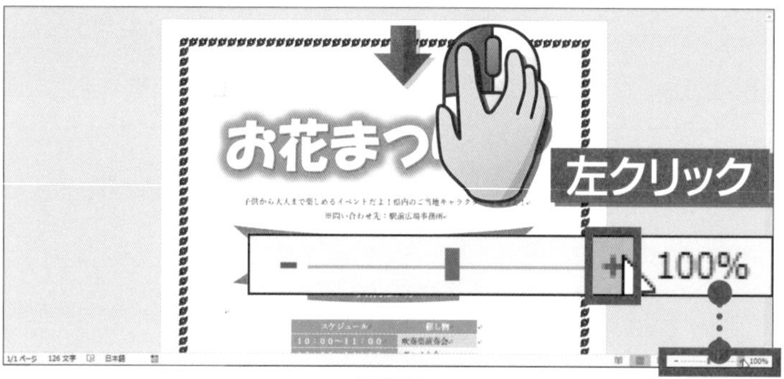

画面右下の

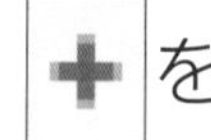を

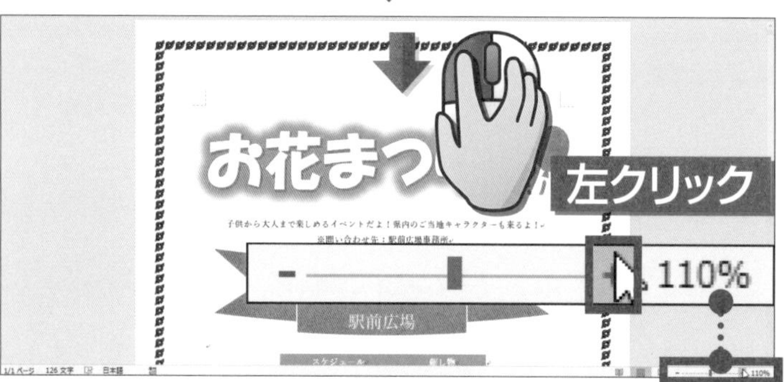

表示倍率が10%
大きくなります。

2 表示を元に戻します

お花まつり
子供から大人まで楽しめるイベントだよ！県内のご当地キャラクターも来るよ！
※問い合わせ先：駅前広場事務所

表示倍率が
大きくなりました。

ポイント！

＋を左クリックするたびに、表示倍率が10%ずつ大きくなります。

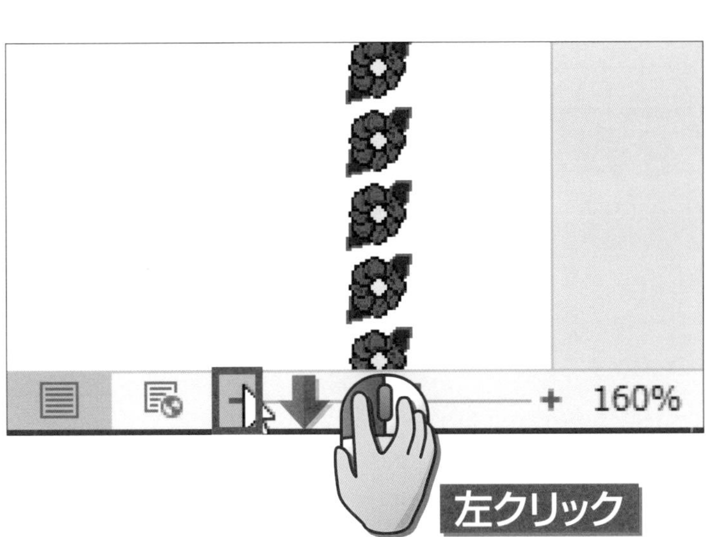
160%
左クリック

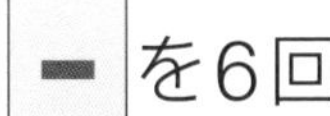を6回

**左クリック**します。

ポイント！

－を左クリックするたびに、表示倍率が10%ずつ小さくなります。

お花まつり
3／29（日）
駅前広場

表示倍率が
100%に戻りました。

リボンやタブの表示を元に戻そう

パソコンを長く使っていると、リボンやタブが消えてしまうことがあります。しかし心配はいりません。元の表示状態にかんたんに戻すことができます。

1 リボンやタブを表示する準備をします

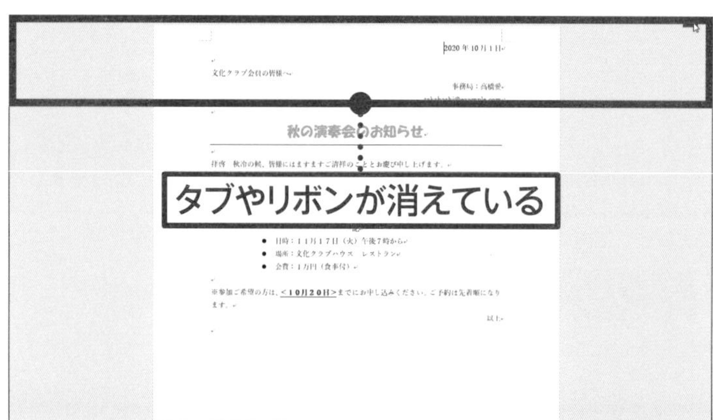

リボンやタブ（24ページ）が消えてしまっています。

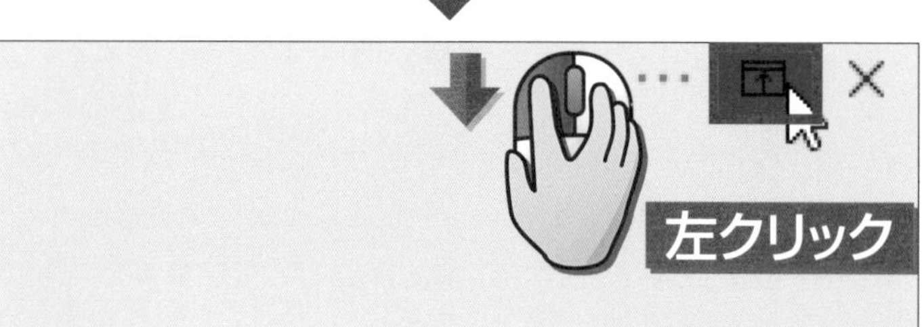

リボンの表示オプション

画面右上端の 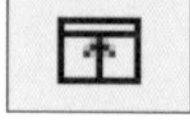 を

2 「タブとコマンドの表示」を左クリックします

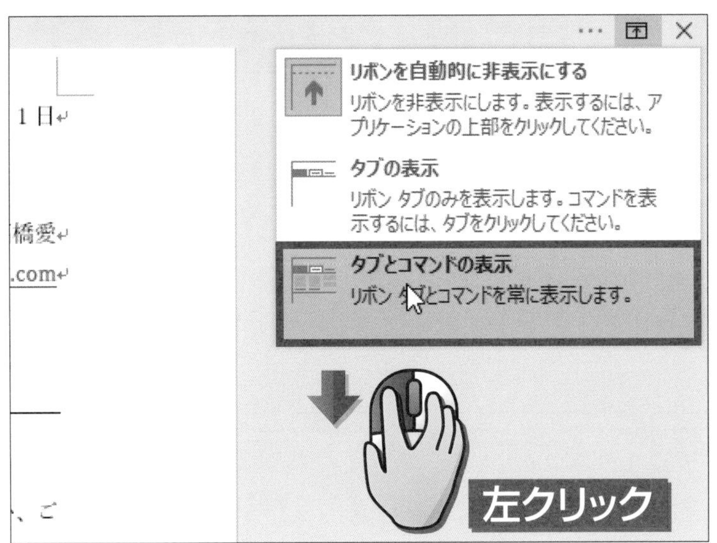

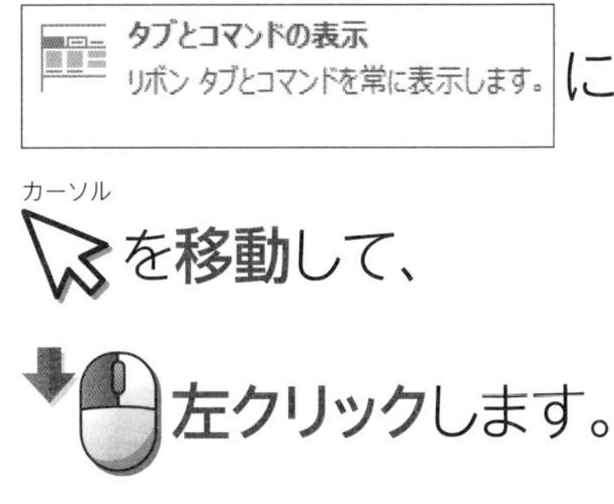

に カーソル を移動して、左クリックします。

3 リボンが表示されました

タブとリボンが表示されました。

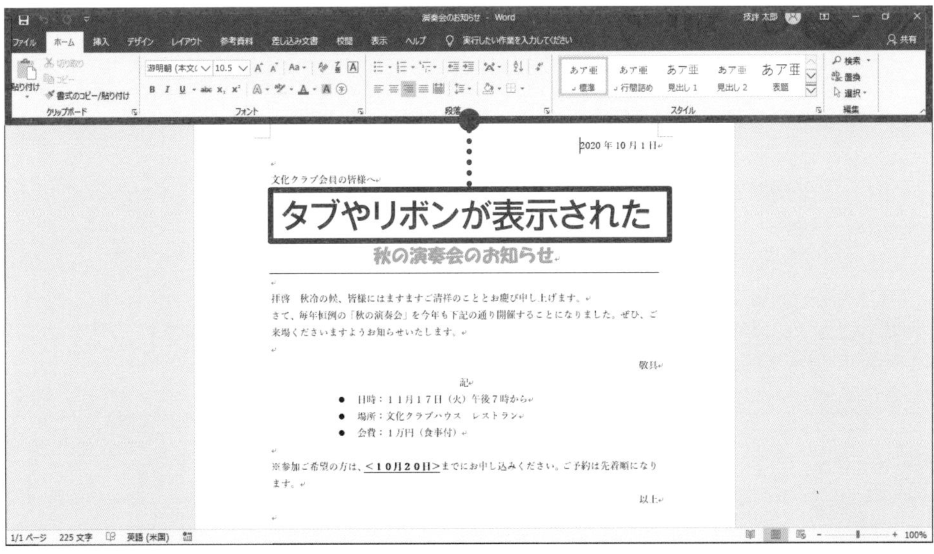

書式や配置の設定を元に戻そう

▶ 文字の書式や配置の設定を解除する方法を覚えましょう。
さまざまな飾りを、まとめて解除することができます。

移動
▶P.012

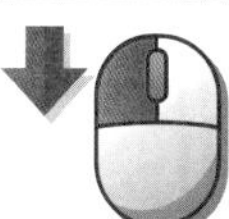
左クリック
▶P.013

ドラッグ
▶P.015

1 書式のついた文字を選択します

秋の演奏会のお知らせ↵

にはますますご清祥のこととお慶び申し上げ

書式や配置を解除したい文字の左側に（カーソル）を**移動**します。

▼

秋の演奏会のお知らせ↵

にはますま　祥のこととお慶び申し上げま

そのまま

**ドラッグ**して、

文字を選択します。

2 文字の書式や配置を解除します

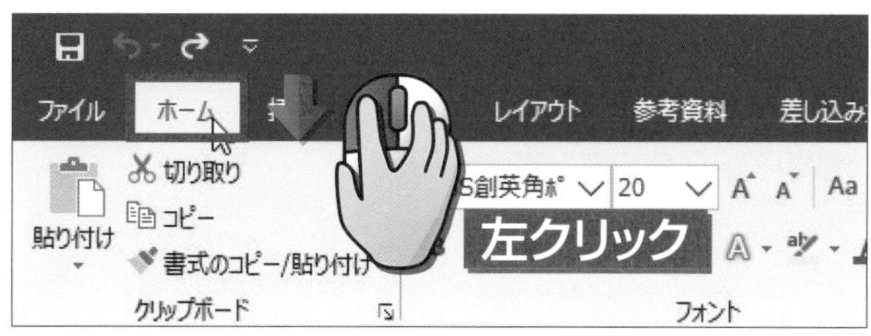

ホーム を

左クリックします。

すべての書式をクリア

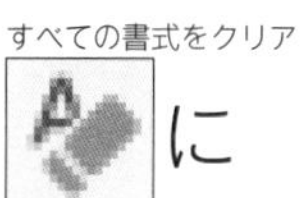 に

カーソル

を移動して、

左クリックします。

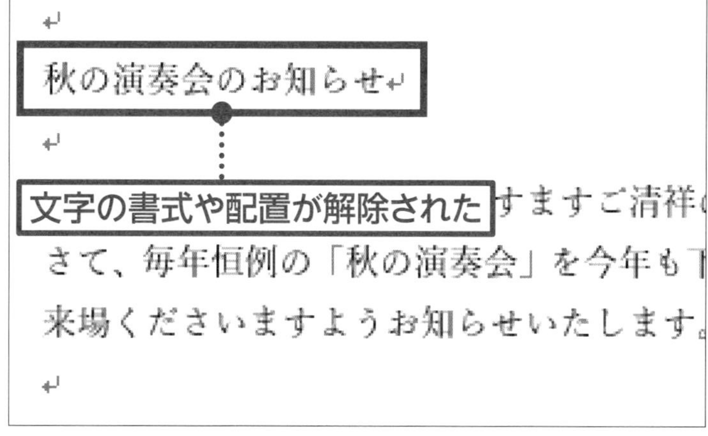

選択していた文字の書式や配置が解除され、通常の文字になりました。

追加した写真を削除しよう

文書に追加した写真は、削除することができます。
ここでは、写真の削除の方法を解説します。

1 写真を選択します

削除する写真の上に カーソル を**移動**して、

左クリックします。

ポイント！

写真が選択されると、写真の周囲に○がつきます。

2 写真を削除します

写真が選択されます。

デリート
キーを押します。

3 写真が削除されました

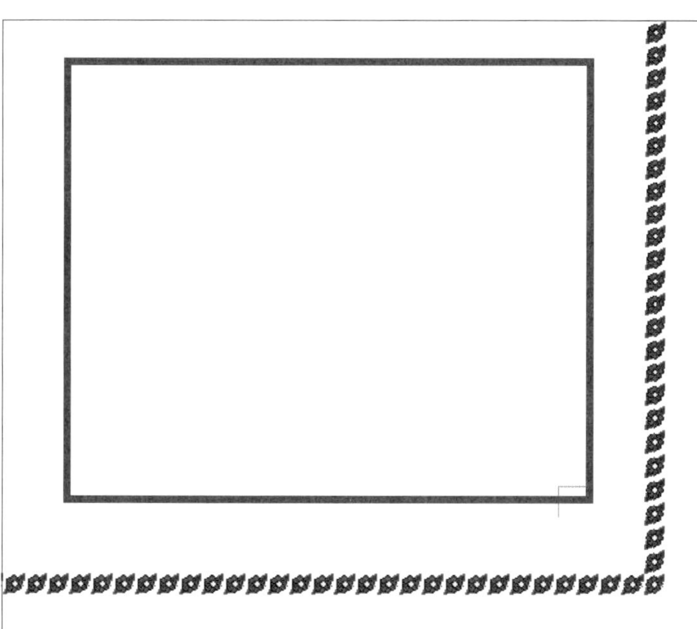

写真が削除されました。

ポイント!

間違って削除してしまった場合、削除した直後なら、196ページの方法で元に戻せます。

数字が勝手に入力される

NumLockキーが押されていると、数字の入力が優先されます。
NumLockキーを確認します。

NumLockキーを押します

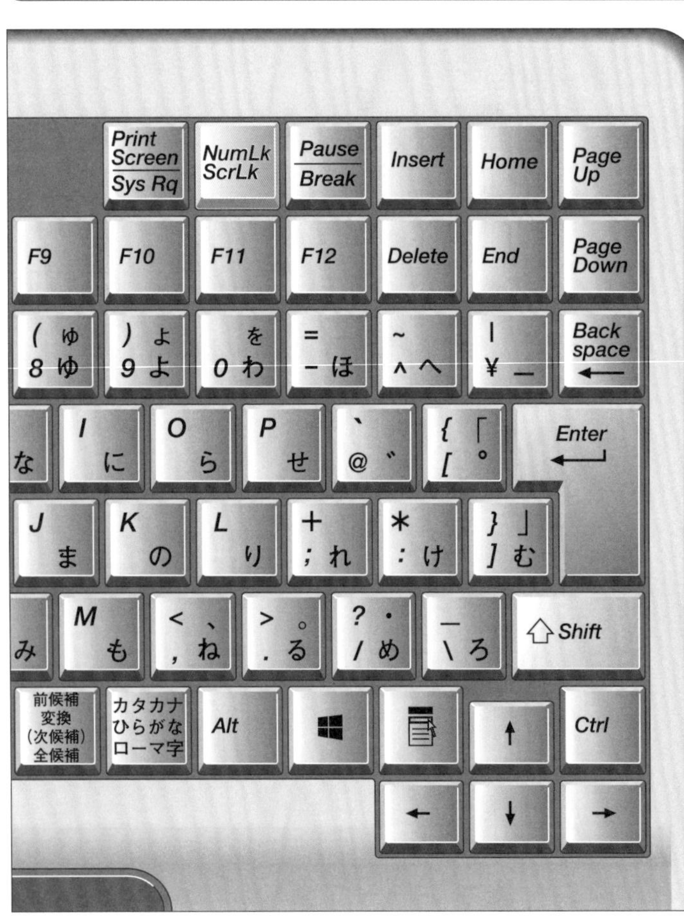

数字が勝手に入力される場合は、NumLock（ナムロック）という機能が働いています。

ナムロック Num Lock キーもしくは、

Fn キーと ナムロック Num Lock キーを同時に押します。

NumLockが解除され、通常の文字が入力できます。

ポイント！

テンキーで数字が入力できない場合も、同様に解決します。

アルファベットの大文字が入力される

CapsLockキーが押されていると、大文字入力が優先されます。
CapsLockキーを確認します。

CapsLockキーを押します

アルファベットの大文字が勝手に入力される場合は、CapsLock（キャプスロック）という機能が働いています。

シフト

キーを押しながら

キャプスロック

キーを押します。

CapsLockが解除され、小文字が入力できるようになります。

文字をコピーして再利用しよう

入力済みの文字は、コピーして再利用できます。
コピーして貼り付けることで、同じ文字をなんども入力する必要がなくなります。

操作
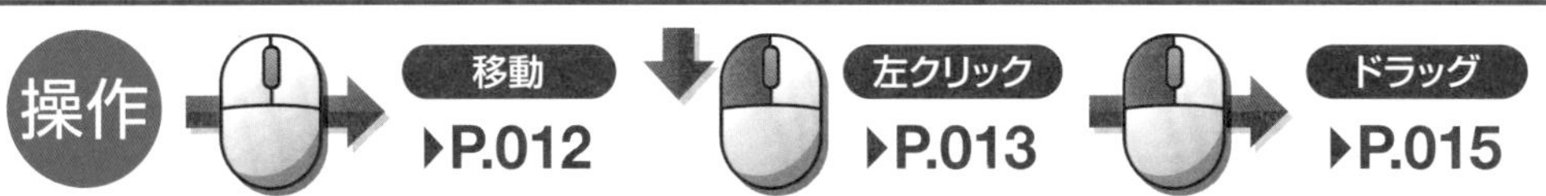

1 文字をコピーします

文字の上を

ドラッグして、

選択します。

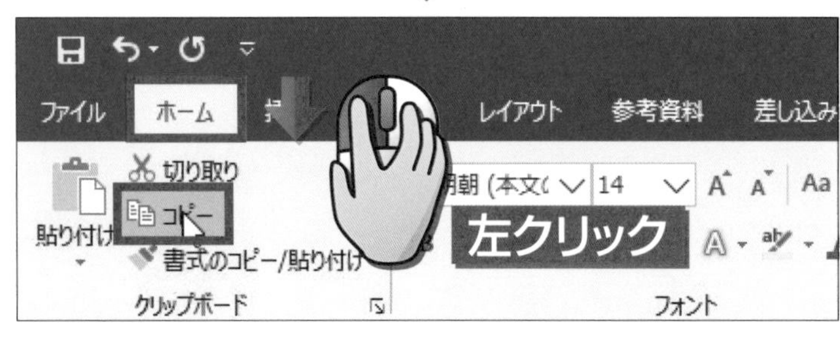

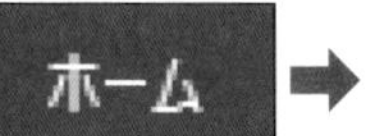

→ コピー の順に

左クリックします。

2 文字を貼り付けます

青空市場開催予定表

※雨天決行（屋根あり）

12月14日（土）　午前8時～10時

12月21日（土）　9時～11時

コピーした文字を
貼り付けたい場所で

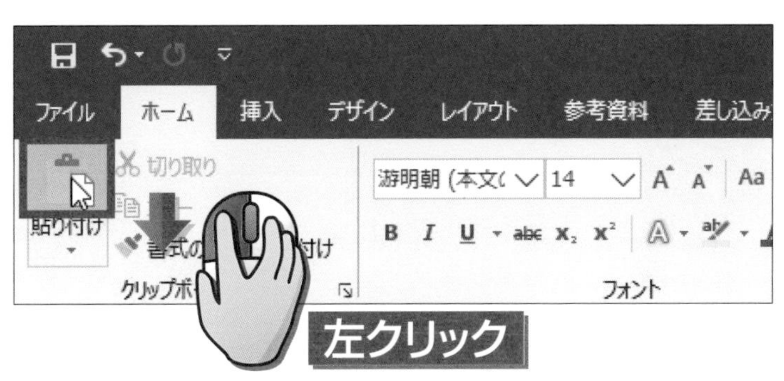

貼り付け

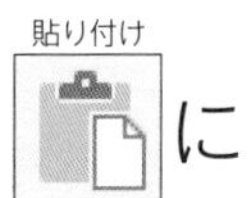

に

カーソル を移動して、

青空市場開催予定表

※雨天決行（屋根あり）

12月14日（土）　午前8時～10時

文字がコピーされて入力の手間が省けた

文字が
コピーできました。

これで、同じ文字を
もう一度入力する
手間が省けました。

文字を別の場所に移動しよう

入力済みの文字を別の場所に移動する方法を知りましょう。
文字を切り取って貼り付けます。

1 文字を切り取ります

青空市場開催予定表
※雨天決行（屋根あり）
12 月 1 （土）　午前 8 時～10 時
12 月 　　　　午前 9 時～１１時
ドラッグ

別の場所に
移動したい文字を

ドラッグして、

選択します。

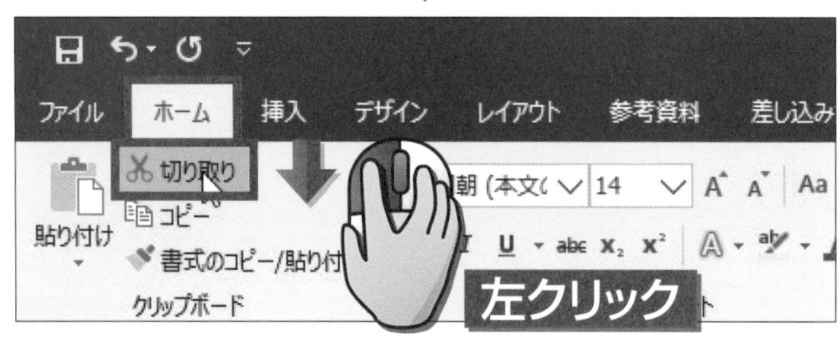

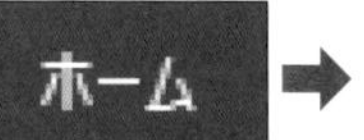

切り取り の順に

左クリックします。

2 文字を貼り付けます

青空市場開催予定表

12月14日（土）　午前8時～10時

12月21日（土）　午前9時～１１時

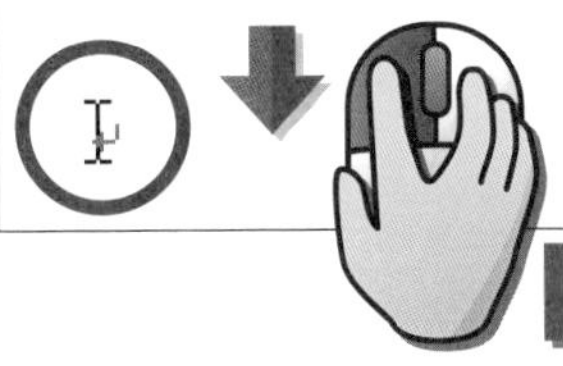

左クリック

文字が
切り取られました。

切り取った文字を
貼り付けたい場所で

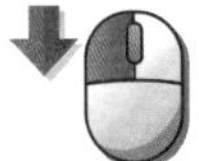左クリックします。

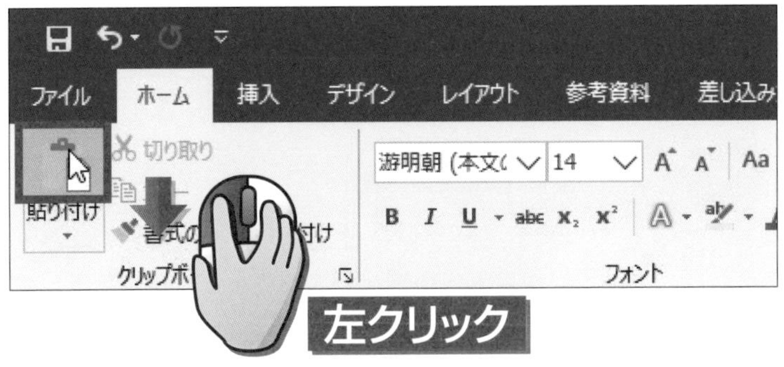

左クリック

貼り付け
に

カーソル
を移動して、

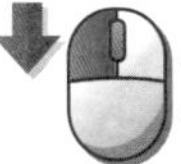左クリックします。

青空市場開催予定表

12月14日（土）　午前8時～10時

12月21日（土）　午前9時～１１時

※雨天決行（屋根あり）

文字が移動した

切り取った文字が
貼り付けられ、
文字が移動しました。

▶練習問題解答

▶第1章　練習問題解答

1 正解…❸

アプリの一覧を表示するには、❸の「スタートボタン」を左クリックします。アプリの一覧から起動するアプリを選択することができます。

2 正解…❷

リボンの内容を切り替えるには、❷のタブを左クリックします。

3 正解…❸

ワードを終了するには、❸を左クリックします。ワード画面をタスクバーに隠すには❶、ワード画面を小さく表示するには❷を左クリックします。

▶第2章　練習問題解答

1 正解…❸

日本語入力モードと英語入力モードを切り替えるには、❸の「半角／全角」キーを押します。このキーを押すたびに、日本語入力モードと英語入力モードが交互に切り替わります。

2 正解…❷

ひらがなを入力したあと、❷の スペース キーを押すと、ひらがなを漢字に変換できます。❶の Delete キーは、文字カーソルのある個所の右側の文字を削除するときに使用します。

3 正解…❶

❶の Enter キーには、主に2つの役割があります。1つ目は、変換中の文字を確定します。2つ目は、文字カーソルを次の行に移動して改行します。

▶第3章　練習問題解答

1 正解…❶

文字を入力する場所を示す文字カーソルは❶です。❷❸はマウスカーソルです。マウスカーソルの形はマウスの位置によって変化します。

2 正解…❸

文字の入力中に使用する スペース キーには、主に2つの役割があります。1つ目は、文字を変換します。2つ目は、空白文字を入力します。

3 正解 … ❸

「記」と入力したあと、Enter キーを押すと「以上」が入ります。「拝啓」と入力したあと、スペース キーを押すと頭語の「拝啓」に対応する結語の「敬具」の文字が自動的に入力されます。

第4章　練習問題解答

1 正解 … ❶

文字に飾りをつけるときは、飾りをつけたい文字をドラッグして選択してから飾りの種類を選択します。

2 正解 … ❷

文字を選択したあと、「ホーム」タブにある❷を左クリックすると、文字の形を変更できます。❶を左クリックすると文字の大きさを変更できます。

3 正解 … ❶

文字を選択したあと、「ホーム」タブにある❶を左クリックすると、文字が太字になります。文字に下線をつけるには❷、文字を斜体にするには❸を左クリックします。

第5章　練習問題解答

1 正解 … ❶

選択した箇所の文字の配置を指定するには、「ホーム」タブにある❶❷❸のボタンを使います。ボタンの形はどれも似ていますが、よく見ると横線の配置が異なります。❶は右に揃っているので、文字を右に揃えます。

2 正解 … ❷

選択した段落を字下げするには、「ホーム」タブにある❷を左クリックします。箇条書きを作るには、項目を選択したあと❶を左クリックします。

3 正解 … ❶

ファイルを開く、保存する、印刷するなど、ファイル操作に関する機能を利用するには、❶のタブを左クリックします。

第6章　練習問題解答

1 正解 … ❷

文字の周囲に色をつけるには、文字を選択したあと、「ホーム」タブにある❷を左クリックしてデザインを選びます。❸は文字そのものの色を変更します。

2 正解 … ❷

図形を扱うときは、図形を左クリックして選択します。図形を移動するときは、カーソルを❷の状態にします。

3 正解…❷

アイコンを追加するには、「挿入」タブにある❷を左クリックします。すると、アイコンを選ぶ画面が表示されます。

▶ 第7章　練習問題解答

1 正解…❸

パソコンに保存した写真を文書に入れるには、「挿入」タブにある❸を左クリックします。

2 正解…❷

写真を扱うには、写真を左クリックして選択します。写真の大きさを変更するには、写真を選択すると写真の周囲に表示される❷をドラッグします。

3 正解…❶

写真の書式を変更するには、写真を選択すると表示される❶のタブを左クリックします。

▶ 第8章　練習問題解答

1 正解…❷

列の右境界線を左右にドラッグすると列幅が変わります。❷を左方向にドラッグすると1列目の列幅が狭くなり、右方向にドラッグすると1列目の列幅が広がります。

2 正解…❶

行を追加するには、表の左端にカーソルを移動し、表示される❶を左クリックします。

3 正解…❷

文書の周囲を枠で飾るには、❷の「ページ罫線」ボタンを左クリックします。

▶ 第9章　練習問題解答

1 正解…❷

文字を縦書きにするには、「レイアウト」タブにある❷を左クリックし、文字列の方向を縦に変更します。

2 正解…❶

縦書き文書で数字を横に並べるには、数字を選択してから「ホーム」タブにある「拡張書式」ボタンを左クリックすると表示される❶を左クリックします。

3 正解…❷

選択した箇所の文字の配置を指定するには、「ホーム」タブにある❶❷❸のボタンを使います。ボタンの形はどれも似ていますが、よく見ると縦線の配置が異なります。❷は、下に揃っているので、文字を下に揃えます。

索引

記号・英字

あ行

か行

さ行

た行

な行

は行

ま行

や・ら行

著者

門脇香奈子（かどわきかなこ）

カバー・本文イラスト／本文デザイン

イラスト工房（株式会社アット）

●イラスト工房ホームページ
https://www.illust-factory.com/

カバーデザイン

田邉恵里香

DTP

（株）技術評論社　制作業務課

編集

土井清志

●サポートホームページ
https://book.gihyo.jp/116

今すぐ使えるかんたん　ぜったいデキます!
ワード　2019

2020年1月10日　初版　第1刷発行

著　者　門脇香奈子（かどわきかなこ）
発行者　片岡　巌
発行所　株式会社技術評論社
東京都新宿区市谷左内町21-13
電話　03-3513-6150　販売促進部
03-3513-6160　書籍編集部
印刷／製本　大日本印刷株式会社

定価はカバーに表示してあります。

ISBN978-4-297-10979-0 C3055
Printed in Japan

問い合わせについて

本書に関するご質問については、本書に記載されている内容に関するもののみとさせていただきます。本書の内容と関係のないご質問につきましては、一切お答えできませんので、あらかじめご了承ください。また、電話でのご質問は受け付けておりませんので、必ずFAXか書面にて下記までお送りください。
なお、ご質問の際には、必ず以下の項目を明記していただきますよう、お願いいたします。

1　お名前
2　返信先の住所またはFAX番号
3　書名
4　本書の該当ページ
5　ご使用のOSのバージョン
6　ご質問内容

FAX

1　**お名前**
技術　太郎
2　**返信先の住所または FAX 番号**
03-XXXX-XXXX
3　**書名**
今すぐ使えるかんたん
ぜったいデキます！
ワード　2019
4　**本書の該当ページ**
90 ページ
5　**ご使用の OS のバージョン**
Windows 10
6　**ご質問内容**
太字にならない。

問い合わせ先

〒162-0846 新宿区市谷左内町21-13
株式会社技術評論社 書籍編集部

「今すぐ使えるかんたん　ぜったいデキます!
ワード　2019」質問係
FAX.03-3513-6167

なお、ご質問の際に記載いただいた個人情報は、ご質問の返答以外の目的には使用いたしません。また、ご質問の返答後は速やかに破棄させていただきます。